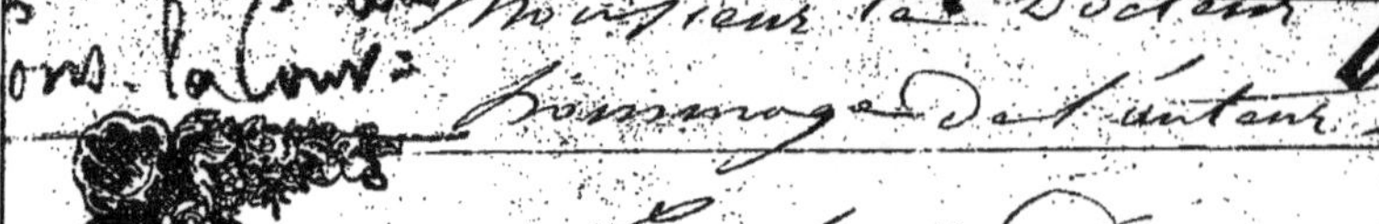

NOUVEAU RECUEIL

DE

FAITS ET OBSERVATIONS

SUR LES EAUX DE CHALLES

EN SAVOIE

PAR LE DOCTEUR DOMENGET

CHEVALIER DE L'ORDRE DES SS. MAURICE ET LAZARE
MÉDECIN DE LA MAISON DE SA MAJESTÉ
MÉDECIN MILITAIRE HONORAIRE DE 1re CLASSE
PROFESSEUR ÉMÉRITE.

CHAMBÉRY

IMPRIMERIE DE PUTHOD, AU CHAMP-DE-MARS.

1845

NOUVEAU RECUEIL

DE

FAITS ET OBSERVATIONS

SUR LES EAUX DE CHALLES

EN SAVOIE

PAR LE DOOTEUR DOMENGET

CHEVALIER DE L'ORDRE DES SS. MAURICE ET LAZARE
MÉDECIN DE LA MAISON DE SA MAJESTÉ
MÉDECIN MILITAIRE HONORAIRE DE 1re CLASSE
PROFESSEUR ÉMÉRITE.

CHAMBÉRY

IMPRIMERIE DE PUTHOD, AU CHAMP-DE-MARS.

—

1845

AU ROI

Sire,

Votre Majesté, qui se plaît à protéger toutes les découvertes utiles et tout ce qui est capable de contribuer au bien public, a daigné me permettre de placer sous son auguste patronage la source minérale de Challes. Une si haute faveur a doublé mon zèle et réveillé mes forces, déjà affaiblies par le progrès de l'âge et par les travaux de ma laborieuse carrière.

Je n'ai rien épargné, Sire, pour remplir les intentions bienveillantes de Votre Majesté, en donnant le plus de développement possible à ma découverte, dans l'intérêt de l'humanité souffrante et de la science médicale.

Tout semble phénoménal, Sire, dans la source de Challes, et son mode d'apparition à la surface du sol, et sa richesse minérale, surpassant de beaucoup toutes les sources connues, et son efficacité plus surprenante encore.

Déjà la chimie a épuisé sur les Eaux de Challes ses procédés d'analyse les plus délicats et toutes les ressources de son art progressif; déjà elle a reconnu leur admirable composition et son impuissance à les imiter.

L'élaboration de la source de Challes dans les profondeurs du globe a fourni au naturaliste un sujet intéressant d'études; mais jusqu'ici cette élaboration est encore un problème dont la solution pourrait bien rester éternellement cachée dans la secrète pensée du Créateur : l'explication des phénomènes de la nature n'échappe que trop souvent à la faible intelligence de l'homme !

Je m'occupe, Sire, à recueillir tous les documents nécessaires pour écrire l'histoire complète de la source de Challes, sous le triple rapport de la géologie, de la chimie et de la science médicale, et si, comme je n'en doute pas, je puis compter sur la coopération et les lumières de mes savants confrères, bientôt je pourrai avoir l'honneur de présenter à Votre Majesté l'ouvrage dont elle a daigné agréer d'avance la dédicace. En attendant, j'oserai la supplier d'accueillir avec indulgence cet opuscule, imprimé à la hâte, à l'occasion de l'arrivée de Votre Majesté, dont le séjour en Savoie comble de joie et de bonheur son peuple fidèle.

J'ai l'honneur d'être, avec la plus vive reconnaissance et le plus profond respect,

SIRE,

de Votre Majesté

le très humble, très obéissant
et très fidèle sujet,

Le Médecin DOMENGET.

A M. LE CHEVALIER DOMENGET

MÉDECIN DE LA MAISON DU ROI.

CABINET DU ROI.

---

30 mai 1841, Turin.

Monsieur le Chevalier,

J'ai lu avec le plus grand intérêt la description que vous me donnez par votre obligeante lettre du 17 du courant, de la source d'Eau saline et sulfureuse découverte par vous dans le domaine de Challes. S. M. le Roi, à qui je n'ai pas manqué d'en faire le rapport, en a témoigné une vive satisfaction, et laisse à vos soins, après que vous en aurez toujours plus constaté les qualités, d'en donner officiellement avis au ministère de l'intérieur, et de pratiquer les démarches légales, pour en tirer le plus grand parti dans l'intérêt de l'humanité souffrante.

Veuillez, je vous prie, agréer la nouvelle assurance de mes sentiments très distingués,

M. le Chevalier,

Votre très humble et obéissant serviteur,

Le Secrétaire privé du Roi,

Le Comte de Castagnetto.

NOUVEAU RECUEIL

DE FAITS ET D'OBSERVATIONS

SUR LES EAUX DE CHALLES.

Les Eaux minérales sont une richesse dont on doit compte à l'humanité.

ALIBERT.

En publiant ce nouveau Recueil, mon but est de faire toujours mieux connaître les richesses minérales de la source de Challes, et d'éclairer de plus en plus les Médecins et les malades, dans l'application de cet agent thérapeutique.

Pour satisfaire au désir de plusieurs Chimistes distingués, je crois devoir faire précéder ce travail d'une narration très-succincte, où j'indiquerai de quelle manière cette source a été découverte.

Ce fut dans un des premiers beaux jours du printemps de 1841, que l'Eau de Challes fit son apparition à la surface du sol. Il n'a fallu rien moins que le concours heureux et vraiment providentiel de plusieurs circonstances pour l'effectuer, l'Eau minérale ayant dû franchir de nombreux obstacles pour parvenir à la lumière. Jusque-là elle coulait et se perdait, à une profondeur de quelques mètres, entre les couches d'une roche calcaire, marneuse, bitumineuse, ferrifère, appartenant au terrain jurassique moyen.

Entouré de ma famille, dans une promenade du matin, je fus frappé d'une odeur sulfureuse qui éveilla mon attention : je cherchai autour de moi, et je ne tardai pas à découvrir un très petit filet d'une eau blanchâtre qui ne ressemblait en rien à l'eau d'un ruisseau dans lequel il se dirigeait, et encore moins à l'eau d'une source abondante, fraîche et limpide, s'échappant, à une petite distance, d'un creux de rocher (*). De légères parcelles de soufre étaient déposées sur quelques petits cailloux ; une pièce d'argent plongée et agitée pendant une ou deux secondes, prit à l'instant une teinte noirâtre. Evidem-

(*) Cette fontaine était connue et fréquentée particulièrement par les habitants de Challes. Elle était réputée très salubre et recherchée même par les animaux. Elle ne tarissait jamais, ne diminuait pas même de volume pendant les temps de plus grande sécheresse, et elle conservait toujours le même degré de température. Nous aimions à lui faire de fréquentes visites, et jamais nous ne nous étions aperçus qu'elle eût dans son voisinage une source sulfureuse.

La source minérale est située à trois quarts d'heure de Chambéry et à 200 mètres de la route royale de Turin.

ment cette Eau était sulfureuse, et comme elle me parut l'être à un très haut degré, je ne tardai pas à entreprendre des travaux pour découvrir son point d'émergence, et m'assurer de son volume et de ses qualités. Après avoir fait enlever, à l'aide d'une pioche, une couche d'un demi-mètre environ d'un terrain caillouteux, fortement lié par un ciment calcaire, une crête d'un banc de rocher fut mise à découvert, et mon étonnement fut des plus grands, en voyant suinter l'Eau minérale d'une fissure très serrée, à bords cristallisés, et d'entendre de petits sifflements qui se succédaient de temps en temps. Ma curiosité fut piquée, et bientôt, les mains armées du ciseau et du marteau, je m'occupai d'ouvrir avec précaution la roche pour tout examiner. En quelques heures, je parvins à creuser un bassin de la contenance d'environ trente litres; je me livrai ensuite à quelques expériences d'analyse, qui me décelèrent les principaux ingrédients renfermés dans cette Eau, et je reconnus que le gaz qui s'échappait par bulles à de petits intervalles, n'était que du gaz azote. Le lendemain, j'eus la satisfaction de voir mon petit bassin rempli de l'Eau minérale. Après avoir répété encore quelques essais par les réactifs, je n'hésitai plus à l'essayer sur moi-même. J'en bus deux verres à une heure de distance; l'ayant supportée sans fatigue, je remis au lendemain un nouvel essai qui fut renouvelé le troisième jour. Depuis plusieurs mois, j'étais souffrant d'un rhumatisme que j'avais contracté dans une course de montagne (*) : ces six verres d'eau me délivèrent de mes douleurs comme par enchantement.

Cette guérison a paru fabuleuse à quelques personnes. Quoi qu'il en soit, j'affirme de nouveau que j'ai le premier éprouvé le bienfait d'une Eau qui, plus tard, devait être appelée à jouer un rôle très important en thérapeutique, être utile tout à la fois à la science médicale qu'elle devait agrandir, à l'humanité souffrante, à laquelle je m'étais dévoué avec tant de zèle, et à ma patrie, qui se féliciterait un jour de posséder la source la plus riche en principes minéralisateurs et la plus capable d'opérer des prodiges de guérison.

Enhardi par un premier succès sur moi-même, et par quelques essais sur des animaux, je conseillai les Eaux à plusieurs malades de la commune. Un engorgement ancien de la rate fut dissipé en moins d'un mois ; plusieurs individus atteints de catarrhes pulmonaires, de fièvres intermittentes, de maladies de la peau, furent promptement guéris ou considérablement soulagés.

Le bruit de ces guérisons et de plusieurs autres qui avaient eu lieu à mon insu, se répandit au loin,

(*) Mon goût pour la botanique m'avait fait oublier qu'après 50 ans, on devait éviter un excès de fatigues.

et bientôt l'Eau de mon petit bassin ne fut plus suffisante. Je me décidai alors à poursuivre mes recherches ; je fis un choix d'ouvriers intelligents pour attaquer le rocher dont la dureté allait en augmentant ; ce qui a exigé des travaux très longs, très dispendieux et souvent d'une extrême difficulté, travaux que j'ai toujours surveillés. C'est ainsi qu'avec un rare bonheur, éclairé du flambeau de la chimie, je suis parvenu, en moins de trois mois, à capter les nombreux filets de la source minérale, à les recueillir dans de vastes bassins (le principal contient 25,000 litres), à la garantir contre tout mélange des eaux communes qui l'entourent de toutes parts, et aujourd'hui, la source minérale, placée heureusement dans les conditions les plus favorables pour être conservée et exploitée, est à l'abri de toute altération même sous l'influence des pluies les plus abondantes et les plus continues, et de la fonte des neiges de nos montagnes, qui grossit les ruisseaux et toutes les fontaines.

Les recherches les plus minutieuses auxquelles je me suis livré en creusant le rocher, me permettent d'expliquer le phénomène de l'ascension du premier petit filet d'Eau minérale jusqu'à la superficie du sol. Ce filet, après avoir pénétré dans une fissure étroite du rocher, avait rencontré un filet beaucoup plus considérable, également ascendant, de la source dont j'ai parlé plus haut. Ces deux filets ont réuni leur force de poussée qui, peu à peu, a vaincu tous les obstacles s'opposant à leur passage. Je ne veux pas oublier de dire que l'Eau minérale de mon premier petit bassin, analysée par le sulfhydromètre du professeur Dupasquier, de Lyon, ne me présenta que dix degrés seulement de sulfuration; qu'en poursuivant mes travaux pour atteindre la branche-mère de l'Eau minérale, j'ai vu avec une satisfaction indicible que les degrés de sulfuration devenaient de plus en plus élevés, à mesure que je pénétrais à une plus grande profondeur; et aujourd'hui, les Eaux de Challes pèsent 200 degrés; ce qui est énorme, puisque les sources les plus sulfureuses de la France, qui sont celles d'Enghien et celles nouvellement découvertes dans la rue Vendôme, au centre de Paris, ne pèsent tout au plus que 40 degrés; les Eaux sulfureuses d'Allevard pèsent 28; les Eaux les plus renommées de la chaîne des Pyrénées, de 5 à 15°; les Eaux d'Aix en Savoie, 3° $\frac{2}{10}$; les Eaux de la Caille, 6°; les Eaux d'Uriage, 3° (*).

(*) Un sentiment de sincère reconnaissance me fait un devoir de remercier ici M. le Docteur Pérouse, jeune Médecin distingué et habile Chimiste de Lyon, qui, par amitié pour moi, a bien voulu quitter ses occupations pour venir m'aider dans mes premiers travaux chimiques. Le secours de ses lumières, celles de M. Bebert, Professeur de Chimie à Chambéry, et plus tard, les recherches de M. Bonjean, m'ont été trop utiles pour que je ne m'empresse pas de le reconnaître publiquement, en leur exprimant toute ma gratitude.

S'il est des Eaux minérales dont une certaine efficacité a été le fruit d'une longue expérience, sans qu'il soit possible d'expliquer leurs effets curatifs, par la considération du peu d'éléments minéralisateurs qui les constituent, il n'en est pas de même des Eaux de Challes qui renferment quatre substances médicamenteuses énergiques : le sulfure de sodium, en proportion très considérable, l'iodure de potassium, le bromure de sodium, considéré presque comme son équivalent, et le carbonate de soude. C'est à l'association intime de ces quatre puissances, formées par la nature, qu'on est redevable d'effets physiologiques et curatifs sur l'organisme animal, qui peuvent, jusqu'à un certain point, être calculés.

Toutes les guérisons qui frappent dans ce moment le monde médical, obtenues par l'administration isolée de l'iodure de potassium en larges proportions, s'obtiennent par l'Eau de Challes, qui ne contient cependant tout au plus qu'un demi-grain de ce sel énergique, et un peu plus de bromure de sodium.

M. le Professeur Chomel, une de nos plus brillantes illustrations médicales, dont les lumières et la sagesse servent de guide aux bons praticiens, après avoir lu ma première Notice que j'avais eu l'honneur d'offrir à l'Académie de Paris, s'est empressé de prescrire les Eaux de Challes à ses malades, et n'a pas cessé dès lors de le faire avec confiance.

M. le Docteur Gibert, Professeur à l'Ecole de Médecine de Paris, qui a remplacé si dignement le célèbre Alibert à l'hôpital Saint-Louis, préconise, dans ses cours publics, l'Eau de Challes comme la plus précieuse de toutes les Eaux minérales, pour combattre les maladies de la peau, les scrofules, etc., qui se montrent si souvent rebelles aux moyens les plus violents de la médecine. M. le Professeur Magendie, à qui la science médicale est redevable en grande partie des brillants progrès qu'elle fait à cette époque, a voulu, en août 1842, voir la source de Challes, en expérimenter la richesse, et s'assurer si tout ce que j'en avais signalé était bien exact. Ce célèbre Professeur, après avoir reconnu la vérité des faits, a eu la bonté de me donner des marques d'intérêt et d'estime qui ne s'effaceront jamais de mon souvenir.

Pour ce juge habile, les Eaux de Challes sont un bienfait pour l'humanité, et doivent être un sujet digne d'importantes observations. Ses prévisions si flatteuses n'ont pas tardé à se réaliser, et j'ai bientôt obtenu la récompense de mes efforts et de ma persévérance dans une œuvre entreprise pour l'intérêt du bien public. L'Eau de Challes, qui n'avait plus rien à demander à l'analyse chimique, depuis le consciencieux et savant travail fait aux sources mêmes par M. Ossian Henry, au nom de l'Académie royale de Médecine de Paris, fut soumise de toutes parts, et particulièrement par mes honorables confrères de Chambéry, à l'analyse clinique, et les résultats les plus satisfaisants ont été obtenus.

Mes honorables et savants confrères de Turin n'ont pas été les derniers à apprécier les Eaux de Challes, et à les conseiller à de nombreux malades. Je citerai entre autres avec plaisir et gratitude quatre noms justement illustres, M. le chevalier Riberi, Chirurgien de la personne de S. M., Chirurgien en chef de l'armée, Président de la Société de Médecine; M. le chevalier Bonino, Médecin inspecteur de l'armée; M. le chevalier Bertini, Médecin en chef de l'hôpital des Chevaliers; M. le chevalier Griffa, Professeur émérite.

Moins de six mois après ma découverte, j'ai pu présenter mon Aperçu sur les Eaux de Challes au Congrès scientifique de Lyon, tenu en septembre 1841. Le secrétaire-général de ce Congrès, mon savant confrère M. le docteur Comarmond, a eu la bienveillance de consacrer quelques pages à l'éloge des Eaux de Challes dans le 2me volume des Mémoires de ce Congrès. En voici quelques passages :

« Dans l'état actuel des sciences chimiques et mé-
« dicales, on connaît les effets thérapeutiques des
« sulfures alcalins, des iodures et des carbonates
« des mêmes bases. Les premiers sont de puissants
« spécifiques contre l'immense variété des maladies
« cutanées, contre les affections rhumatismales, con-
« tre les toux chroniques et d'autres affections du

« même type ; ils agissent également comme anthel-
« mentiques. Les seconds ont une action reconnue
« et incontestable dans les maladies scrophuleuses,
« les engorgements glanduleux et toutes les maladies
« du système lymphatique, et enfin contre les affec-
« tions calculeuses.

« La main créatrice et providentielle qui a réuni
« si habilement les trois principales substances miné-
« rales dans une solution parfaite, a saturé ce mé-
« lange d'une assez grande quantité de glairine pour
« rendre ces Eaux plus onctueuses et diminuer leur
« action, trop irritante, sur l'organisme en gé-
« néral.

« M. le professeur Domenget a attiré l'attention de
« MM. les membres de la sixième section, sur les
« effets éprouvés pour la guérison des fièvres inter-
« mittentes causées par les émanations marécageuses,
« et contre toutes les fièvres anciennes à caractères
« rebelles, qui avaient résisté avec opiniâtreté aux
« préparations de quina sagement et énergiquement
« administrées.

. . . .

« Sa Majesté le Roi de Sardaigne, dans sa phi-
« lanthropie et sa sollicitude pour l'humanité et la
« prospérité de ses Etats, a invité M. Domenget à
« mettre la plus grande activité dans ses expériences,
« pour livrer au public un établissement dans le plus
« court espace de temps possible, en témoignant

« qu'il entrait dans sa pensée de protéger un établis-
« sement d'une si grande valeur pour l'huma-
« nité (*). »

La Société de Géologie de France, à laquelle je m'honore d'appartenir, a visité la source de Challes, lors de sa session tenue à Chambéry en août 1844. Elle était alors présidée par le savant professeur de minéralogie de Turin, M. le chevalier et docteur Sismonda. M. le professeur Dupasquier, l'habile chimiste de Lyon, et aussi médecin distingué, membre de la Société, a bien voulu faire, dans cette circonstance, diverses expériences d'analyse de l'Eau de Challes, particulièrement avec le sulfhydromètre de son ingénieuse invention, sulfhydromètre qui m'a été très-utile. C'est un instrument dont les proprié-

(*) Cet établissement avait été commencé, mais fâcheusement sur une trop petite échelle. On n'a pas cru devoir l'achever dès qu'on a pu acquérir la conviction que l'Eau de Challes se conservait sans altération en bouteilles, et pouvait être transportée au loin, et même en fûts, à une petite distance, comme à Chambéry ou à Aix-les-Bains. On s'est empressé d'en prévenir le public par cette annonce :

« Il n'existe pas d'établissement de bains à Challes, mais les ma-
« lades peuvent facilement se faire traiter à Chambéry, ville fort
« agréable, qui se fait surtout remarquer par ses gracieuses pro-
« menades, les sites riants qui l'avoisinent et la douceur de son
« climat. Comme les Eaux de Challes peuvent être facilement trans-
« portées sans altération, on peut aussi les prendre à Aix, concur-
« remment même avec les Eaux de ce superbe et royal établissement,
« ce qui s'est déjà fait cette année et se pratique encore aujourd'hui
« par un grand nombre de malades. »

taires d'Eaux minérales sulfureuses ne sauraient plus se passer. Avec un peu d'habitude on s'assure, en moins d'une minute, du degré de saturation sulfureuse de l'Eau minérale et des variations qu'elle pourrait présenter.

OBSERVATIONS.

Observations de M. le dcteur Chevallay.

Les Eaux minérales de Challes, comme toutes les découvertes nouvelles, ont eu dès le début des prôneurs et des détracteurs ; les uns voulant qu'elles fussent bonnes à guérir la plupart des maladies, les exaltèrent outre mesure ; les autres, les regardant comme des eaux sulfureuses ordinaires, abondantes partout, n'en firent pas beaucoup de cas. Cependant la savante analyse chimique qui en fut faite par M. O. Henry, de l'Académie de Médecine de Paris, en montrant leur heureuse composition, et les nombreuses guérisons des gens de la campagne, qui s'en servirent d'abord sans méthode et sans ordre, engagèrent bientôt plusieurs Médecins de Chambéry à les employer, à rechercher les cas pathologiques auxquels elles pouvaient mieux convenir ; mais comme les faits pratiques sont les seuls bons juges en cette matière, je crois qu'il est du devoir du Médecin de rendre publiques les observations de maladies où ces Eaux ont obtenu un plein et entier succès, pour établir la juste valeur de ce nouvel agent médicamenteux, qui peut, à mon avis, rendre de grands services à l'humanité. Parmi plusieurs guérisons que j'ai obtenues par son administration, je vais donc en choisir quelques-unes des plus frappantes.

1re *Observation.* — Mme veuve G., âgée de 58 ans, d'une forte constitution, et jouissant habituellement d'une parfaite santé, fut atteinte, dans le courant d'avril 1843, d'une teigne faveuse, qui, en peu de temps, lui couvrit tout le cuir chevelu, avec engorgement des glandes lymphatiques du cou : pendant plus d'une année, j'employai en vain pour la combattre le traitement le mieux approprié : d'abord les antiphlogistiques, les cataplasmes émollients, après avoir fait couper ras les nombreux cheveux qui garnissaient la tête de la malade ; les bains généraux, les purgatifs, puis les vésicatoires, les dépuratifs de toute espèce, enfin les différentes pommades préconisées contre cette affection cutanée rebelle et dégoûtante, sans même oublier celle des frères Mahon. Sous l'influence de ces divers moyens, la teigne semblait par intervalle s'arrêter et même s'améliorer, et puis tout-à-coup elle reprenait une nouvelle intensité; les croûtes augmentaient et s'étendaient sur tout le cou, sur les oreilles, sur les tempes, sur le front, et même quelques-unes s'étaient montrées vers les extrémités inférieures autour des genoux. La malade désolée avait renoncé à toutes ses habitudes, fuyait la société à cause de l'odeur que répandait sa tête; elle n'osait même plus sortir; son moral était profondément affecté, et elle avait maigri considérablement; enfin elle désespérait de sa guérison, et moi-même, inquiet et ennuyé de la longueur et de l'opiniâtreté de cette maladie, j'étais décidé à entreprendre le grand traitement des frères Mahon, qui débute par la chute de tous les cheveux, après avoir vaincu la répugnance de ma malade à cet égard, lorsqu'il me vint l'heureuse idée d'essayer encore auparavant les Eaux sulfureuses iodurées de Challes. En conséquence, vers les premiers jours de mai 1844, des lotions furent faites matin et soir sur toutes les parties affectées, avec ces Eaux légèrement chauffées au bain-marie, des compresses trempées y furent maintenues pendant plusieurs heures, et plus particulièrement sur la tête; de grands bains tempérés, avec addition de six à huit litres d'Eau de Challes, furent pris de deux jours l'un, et en même temps Mme G. en buvait de une à deux verrées chaque matinée. Un mieux sensible et toujours croissant ne tarda pas à se manifester ; les croûtes, en tombant, laissaient voir les ulcérations du cuir chevelu, se cicatrisant parfaitement ; la peau du front, des tempes, qui était devenue dure, rugueuse et écailleuse, reprit peu à peu sa souplesse, les glandes diminuèrent rapidement ; enfin, dans le courant du mois de juin suivant, Mme G. était parfaitement guérie en conservant tous ses cheveux ; et jusqu'à ce jour il n'y a pas d'apparence de récidive.

2me *Observation.* — Une religieuse âgée de 28 ans, était affectée depuis plusieurs mois d'un *acne rubrum*, soit couperose, caractérisé par des pustules assez rapprochées les unes des autres, siégeant sur les joues et sur le nez, et dont la base indurée était entourée d'une auréole enflammée. D'après des renseignements pris, il résultait que quelques membres de sa famille étaient atteints de la même maladie cutanée ; eu égard à cette circonstance, à l'âge même de cette personne, au nombre de pustules, à leur base indurée, je ne comptais pas trop obtenir la guérison de cette maladie, dont j'avais déjà vu plusieurs cas résister à tous les traitements, à toutes les eaux minérales connues : je conseillai de prime-abord les Eaux de Challes ; une verrée fut prise chaque matin ; elles furent ensuite et successivement portées à deux verrées, et la malade eut la constance d'en prendre ainsi pendant l'espace de six mois. Ne la voyant que de loin en loin, je ne m'aperçus qu'au bout de trois à quatre mois que l'affection semblait diminuer ; vers le cinquième, l'amélioration était devenue sensible; les pustules s'affaissaient, leur base avait perdu considérablement de sa dureté, et la coloration rouge et légèrement bleuâtre de la peau disparaissait. Alors seulement, quelques lotions avec ces mêmes Eaux furent pratiquées chaque jour; et à la fin du sixième mois tout avait disparu, la figure était redevenue lisse et colorée comme auparavant. Cette guérison, qui a été lente à cause probablement de l'emploi peu actif qui a été fait de ces Eaux de Challes, date de près de deux ans, et l'état actuel de cette personne me fait espérer qu'elle est radicale.

3me *Observation.* — Une jeune personne, âgée de 18 ans environ, d'une constitution évidemment lymphatique, mal réglée, était affectée depuis cinq à six ans d'un *impetigo* chronique, occupant toute la cuisse gauche, dont l'aspect me frappa d'étonnement en la voyant énormément engorgée, surtout à sa partie postérieure : toute la peau était recouverte d'une croûte épaisse et jaunâtre, dure et rugueuse, comme l'écorce d'un gros arbre. Çà et là cette croûte était fendillée et présentait des ulcérations assez considérables, qui laissaient suinter une humeur séreuse et purulente; on apercevait sur quelques points des cicatrices qui paraissaient anciennes; elles étaient d'une couleur rouge-violacé, et la peau en était dure et adhérente. Cette jeune personne avait déjà été soignée par plusieurs Médecins; elle avait été pendant deux saisons aux Eaux d'Aix, qui lui avaient été conseillées ; elle les avait prises en bains, en douches, en boisson, et tout jusqu'à ce jour n'avait produit qu'une amélioration passagère. Elle se trouvait dans l'état que je viens de dépeindre, lorsqu'elle fut confiée à mes soins dans le courant du mois de mai 1844. Après m'être assuré que les voies gastriques étaient exemptes de tout état inflammatoire, je lui donnai quelques légers purgatifs, et la mis à l'usage de l'iodure de potassium. Dans l'espace d'un mois et demi, six gros de ce médicament furent employés : chaque jour la malade prenait de une à deux tasses de décoction de houblon ; son régime alimentaire était fortifiant, tonique ; le membre affecté fut soumis à l'action émolliente de la vapeur d'eau chaude. Quelque mieux survint d'abord, mais vers le second mois, il semblait que nous reculions au lieu d'avancer. Je la soumis alors au traitement des Eaux de Challes, en boisson, en lotions, et plus tard je fis confectionner une espèce de baquet, où la cuisse malade prenait chaque jour un bain de demi-heure, dans un mélange par parties égales, d'Eau de Challes et d'eau ordinaire un peu chaude. Tout changea bientôt d'aspect : la cuisse diminua de volume, les croûtes tombèrent entièrement, et laissèrent voir un nombre considérable de cicatrices de forme et de direction différentes. Cette guérison eut lieu dans l'espace d'un mois, et aujourd'hui cette jeune personne se trouve parfaitement bien.

4me *Observation.* — M. L., âgé de 30 ans environ, d'un tempérament lymphatico-sanguin, ayant éprouvé plusieurs affections syphilitiques, fut attaqué, dans le courant du mois de novembre 1843, de boutons, qui se développèrent successivement sur le menton et sur les parties latérales et inférieures de la figure ; il les attribuait à l'action d'un rasoir sale et mal affilé, dont on s'était servi pour le raser, dans une petite ville où il était de passage ; cette éruption datait de plus d'un mois, et toute la partie inférieure de la face était déjà recouverte d'une croûte épaisse, adhérente aux poils de barbe, qui passaient au travers, et qui n'avaient pas été coupés depuis lors. Le siége de cette maladie, la nature de quelques boutons isolés, qui n'étaient pas encore confondus dans cette masse croûteuse, la chaleur et la tension que cette personne accusait dans toutes ces parties, me firent diagnostiquer une mentagre, soit dartre pustuleuse ; et comme elle apparaissait en même temps qu'il existait encore quelques symptômes syphilitiques secondaires, je fus porté à croire qu'elle pouvait bien dépendre de cette dernière affection. Le malade me dit qu'il avait assez pris de mercure, et qu'il lui répugnait de faire usage de toute préparation de ce genre. Après avoir fait tomber toutes les croûtes au moyen de cataplasmes de riz, des lotions souvent répétées avec l'Eau de Challes tiédie au bain-marie, furent pratiquées chaque jour ; dans l'intervalle, des compresses épaisses et bien imbibées furent maintenues sur ces parties ; le malade commença à boire une verrée , puis deux , trois , enfin une bouteille par jour de ces mêmes Eaux ; bientôt le mal s'amenda , les croûtes , qui se renouvelèrent encore souvent , n'étaient plus aussi épaisses, ni aussi adhérentes , l'inflammation cédait , la chaleur et la tension étaient moins fortes , les pustules s'affaissaient ; au bout d'un mois de ce traitement , le visage avait repris son aspect ordinaire , et en le regardant de bien près et bien attentivement , l'œil ne pouvait découvrir la trace la plus légère de cette maladie cutanée. Néanmoins l'usage des Eaux fut encore continué pendant un autre mois , et ce qui m'engagea à persister dans leur emploi , c'est qu'en même temps qu'avait disparu la mentagre, les symptômes syphilitiques secondaires , qui consistaient dans des ulcérations de l'arrière - bouche , s'amendaient aussi , et après les deux mois elles étaient entièrement guéries ; depuis lors cette personne , que j'ai occasion de voir souvent , n'a plus éprouvé aucun ressentiment de ces deux maladies , et jouit actuellement d'une santé parfaite et d'un embonpoint remarquable.

Je dois ajouter qu'étant Médecin de plusieurs établissements , j'ai eu occasion d'employer souvent les Eaux de Challes dans les catarrhes chroniques des personnes âgées , et toujours ces malades , qui avaient été épuisés pendant la saison froide par une expectoration abondante , s'en trouvent parfaitement bien ;

ils reprennent bientôt de l'appétit, la sécrétion catarrhale diminue considérablement. Pour les personnes faibles, délicates, je fais couper l'Eau de Challes avec un tiers de lait chaud.

Chambéry, 20 mai 1845.

F. CHEVALLAY, D. M.,

Professeur d'Anatomie à l'Ecole secondaire universitaire de Chambéry, Médecin des prisons de cette ville, Médecin du Collége des RR. PP. Jésuites et de plusieurs autres établissements, Membre correspondant de la Société de Médecine pratique de Paris, de la Société d'Histoire naturelle de Savoie.

Observations de M. le docteur Revel.

Mme la comtesse de......, âgée de 62 ans, d'un tempérament lymphatique, fut prise, à l'âge de 30 ans, d'obstructions abdominales qui se développèrent lentement et atteignirent, à ce qu'il paraît, une dimension assez considérable. Plusieurs années de suite elle fut envoyée aux Eaux de Vichy, qui firent diminuer considérablement, mais non disparaître entièrement ces obstructions. Consulté pour la première fois par Mme de..., il y a deux ans (en janvier 1843), je la trouvai dans l'état suivant : abdomen largement développé, fluctuation évidente dans cette cavité ; en exerçant une pression un peu forte dans l'hypocondre droit, on sent une tumeur profonde longeant le bord des côtes, de onze centimètres environ de longueur, et se perdant sous les côtes; pouls parfois intermittent; urines rares, brûlantes et brunes; leucophlegmatie des extrémités inférieures.

La malade fut mise immédiatement à l'usage d'une eau de saponaire nitrée et de pilules composées de poudre de digitale, d'extrait de fiel de bœuf et de soufre doré d'antimoine. Ces moyens combinés avec un régime et un exercice convenables, n'amenèrent qu'une très-légère diminution dans le volume de l'abdomen, dans l'enflure des jambes, et les urines augmentèrent peu en quantité. D'autres médicaments doués de propriétés analogues, remplacèrent les premiers sans plus d'efficacité.

Dans les premiers mois de 1844, l'état étant à peu près le même, je conseillai à la malade l'usage de l'Eau de Challes, prise en boisson, à la dose d'un demi-verre le matin et autant le soir. Au bout de quinze jours, la dose fut portée à un verre le matin et un verre le soir. Cette médication a été la seule employée dès le mois de mars 1844 jusqu'à ce jour (mai 1845), ayant soin d'interrompre tous les trente ou quarante jours, en laissant dix jours de repos.

Dès les huit premiers jours les urines ont commencé à être un peu plus abondantes; dès lors leur quantité est devenue de plus en plus considérable, de manière à décupler ce qu'elles étaient au commencement du traitement. L'enflure des jambes a diminué, puis a totalement disparu depuis environ trois mois ; l'ascite n'est presque plus apercevable. L'exploration de l'abdomen, facile par la résorption du liquide, fait reconnaître aujourd'hui la disparition presque complète de l'engorgement hépatique, et je ne doute pas qu'en persévérant encore pendant deux ou trois mois dans l'administration des Eaux de Challes, la guérison ne finisse par être radicale.

— Mlle de..., âgée de 17 ans, d'un tempérament éminemment lymphatique, réglée depuis quelques mois seulement, fut prise tout à coup de vives douleurs dans tout l'abdomen; puis survinrent soif, fièvre ardente, tension et sensibilité excessive dans toute la région abdominale. Au bout de 24 heures il se forma un épanchement dans l'abdomen, qui alla rapidement en augmentant, de manière à offrir l'aspect d'une ascite très-volumineuse. La soif était vive, les urines presque nulles, bourbeuses et brûlantes.

Cet état aigu et inflammatoire fut combattu par un traitement antiphlogistique assez énergique, et l'on vit céder successivement la douleur, la rénitence, la soif et la fièvre ; mais restait l'épanchement séreux de la cavité péritonéale, qui résista à une foule de diurétiques usités. Alors, c'est-à-dire trois mois après le développement de cette affection, je conseillai l'emploi de l'Eau de Challes, administrée à la dose d'une, puis de deux verrées par jour. Ce traitement, qui a suscité une sécrétion urinaire abondante, a amené la diminution progressive de l'épanchement, ce qui put permettre de reconnaître l'existence d'un engorgement indolent de l'ovaire droit. Les Eaux de Challes furent continuées pendant six mois, au bout desquels l'engorgement de l'ovaire et l'épanchement séreux avaient complètement disparu. Dès lors, et il y a de cela près de six mois, la guérison s'est parfaitement soutenue.

N. Revel, D. M.,

Médecin de Sa Majesté et de la Famille royale en Savoie, Protomédecin de Chambéry, Professeur de Médecine, Médecin de plusieurs Etablissements publics, etc.

Observations de M. le docteur Carret.

Les propriétés médicamenteuses des Eaux minérales de Challes sont, à l'heure qu'il est, incontestables.

La chimie avait analysé ces Eaux, et les principes constituants qui y avaient été signalés imposaient l'obligation à tous les Médecins de les expérimenter, et de faire la thérapeutique juge en dernier ressort de leurs vertus et de leur puissance. Pour moi, qui débutais dans la pratique médicale au moment de leur découverte, et qui, sans préjugés, sans prévention, n'avais d'autre désir que le bien de l'humanité et l'amour de la science, je n'ai pas hésité à les soumettre au creuset de ma jeune expérience. Aujourd'hui, je m'applaudis de ma résolution ; car nul doute pour moi que les Eaux de Challes ne triomphent de maladies rebelles, et contre lesquelles le Médecin lutterait en vain sans cette médication énergique et puissante. Le public intelligent jugera dans les observations qui vont suivre.

1re *Observation.* — Une jeune fille de Chignin vient me consulter pour un tubercule cancéreux qu'elle porte sur le dos du pied droit. Le choix du remède ne me paraît pas douteux : je recours au caustique de Vienne. Mais après quelques mois de guérison de la cicatrice pullulent des végétations de mauvaise nature. Nouvelle cautérisation, nouvelle rechute après deux mois. La mère alors de cette jeune fille, sans prendre conseil de personne, lotionne plusieurs fois le pied avec de l'Eau de Challes. Les végétations se sont flétries, et une cicatrisation solide et durable ne s'est pas fait attendre. La guérison date de quatre ans.

2me *Observation.* — Un homme avait gardé à la jambe, à la suite d'une gale pustuleuse, quelques boutons qui, en se rapprochant, avaient formé un ulcère énorme et du plus mauvais aspect. Mille et un remèdes avaient plutôt aggravé qu'amendé le mal. Consulté, je n'hésitai pas à lui conseiller les Eaux de Challes en lotion et en boisson. Deux mois et demi de cette médication ont suffi pour guérir ce malheureux de sa dégoutante infirmité.

3me *et* 4me *Observations*. — Deux Messieurs atteints de cette espèce de dartre que l'on nommait autrefois furfuracée, et qui est plus connue maintenant, dans le langage médical, sous le nom de *pityriasis*, dartre caractérisée par des plaques irrégulières d'écailles minces, qui se détachent à diverses reprises pour se reproduire, ont été complètement délivrés, et dans un court espace de temps, par l'usage en boisson des Eaux de Challes.

5me *Observation*. — Un jeune homme était sujet depuis deux ans à une éruption impétigineuse sur les extrémités inférieures. Le repos, une hygiène convenable, des remèdes appropriés, la faisaient en partie disparaître ; mais au moindre exercice, au plus petit écart de régime, l'éruption revenait, envahissant des parties intactes jusqu'alors. C'était une belle occasion de mettre à l'épreuve les Eaux de Challes. Le malade, d'après mon conseil, en fit usage en lotions et en boisson. Après huit jours, aucune nouvelle pustule n'a paru ; peu à peu les anciennes se sont desséchées, les croûtes sont tombées, et la guérison a été complète en un mois et demi.

6me *Observation*. — Il est une espèce d'éruption ortiée, cachée sous la peau, caractérisée par une forte démangeaison. Cette affection, quoique simple, est une des plus rebelles qui se présentent dans la pratique. Le moindre changement de température, une affection morale triste, la réveillent, et au dire des malades, ils éprouvent les mêmes douleurs que si des aiguilles traversaient l'épiderme.

J'ai rencontré, il y a deux ans, un homme atteint de cette espèce d'éruption. Lorsque je le vis pour la première fois, l'éruption qui siégeait à la partie antérieure et moyenne de la jambe était à peine visible; à la seconde fois, au contraire, elle était très apparente. C'était une plaque rouge, ovalaire, sur toute la surface de laquelle on distinguait de petits boutons acuminés. Le malade dépeignait, en termes fort énergiques, les souffrances qu'il endurait, et à tout prix, il voulait être débarrassé. J'essayai tour à tour un grand nombre de remèdes qui n'amenèrent aucun résultat avantageux. De guerre lasse, j'eus recours aux Eaux de Challes. Je dois à la vérité de dire qu'elles ne guérirent pas complètement le malade; mais l'amendement fut assez grand pour que, trouvant son état supportable, il renonçât dès lors à toute autre médication.

7me *Observation.* — Une variété de chlorose que l'on pourrait nommer tuberculeuse, parce qu'elle est entretenue sous l'influence de tubercules latents dans les poumons, a fait jusqu'ici le désespoir des Médecins. Car si l'on administre le fer, ce spécifique de la chlorose, on voit bientôt cette phthysie se démasquer, se révéler par des symptômes effrayants, devenir en un mot phthysie galopante. Comme plusieurs Médecins recommandables préconisent, pour cette espèce de chlorose, les préparations sulfureuses, je tentai, dans un cas grave, les Eaux de Challes. J'obtins un succès inespéré. Le malade reprit des couleurs, de l'appétit, de la force. Inutile d'ajouter que la cause persistant, l'effet s'est reproduit. Mais le même remède a toujours un excellent résultat; et la maladie qui doit tôt ou tard faire explosion, est ainsi tenue en échec.

8me *Observation.* — J. B., âgé de 26 ans, depuis cinq ans qu'il est malade, a consulté tous les Médecins de Chambéry et de la banlieue. C'est chose curieuse que de l'entendre faire le récit de toutes les consultations qu'il a reçues et de tous les traitements qu'il a faits. Ce qui prouve que sa maladie n'est pas ordinaire, c'est qu'il n'a pas trouvé deux Médecins d'accord sur la nature de son mal, dont voici les principaux symptômes : Douleurs musculaires vagues par tout le corps, peau froide, bleuâtre, forces considérablement affaiblies, pouls insensible, langue rouge, douleur constante derrière la fosse sus-claviculaire, abdomen sensible à la pression, alternative de constipation et de diarrhée, voix éteinte à demi, toux légère et expectoration de matières muqueuses blanches, tête lourde, battement aux tempes, et sur le trajet des carotides, bourdonnement dans les oreilles. La moindre émotion exaspère tous ces symptômes. Un exercice, quoique modéré, lui fait éprouver un malaise indéfinissable. Une nourriture succulente, tonique, l'altère vivement et lui donne des chaleurs d'entrailles; la diète végétale lui produit des gonflements, refroidit le sang, amène l'empâtement des extrémités inférieures. Quelques sangsues appliquées à l'épigastre, l'ont jeté pour plusieurs semaines dans un abattement extrême. Les préparations ferrugineuses excitent la toux et provoquent une expectoration sanguinolente.

Dans un tel état de choses, je conseillai à ce malade les Eaux de Challes, qui ne tardèrent pas d'amener un heureux résultat. Sous leur influence, le pouls s'est relevé, les forces sont revenues, la digestion s'est opérée assez facilement, la toux a cessé; en un mot, l'état de J. B. est devenu très supportable, et il répète à qui veut l'entendre que de tous les remèdes qu'il a mis en usage, et le nombre n'en est pas petit, aucun ne lui a été aussi avantageux.

Docteur Carret,

Ex-Interne des Hôpitaux.

M. le Docteur Enemond Rey fils, Chirurgien des hôpitaux civils de Chambéry, m'autorise à dire qu'il a employé avec un succès très remarquable l'Eau de Challes, et qu'il la conseille journellement dans les maladies suivantes :

Les eczèmas chroniques, certaines teignes (impétigo, pithyriasis, eczèma du cuir chevelu), ulcères atoniques sur les jambes, engelures, ulcères fistuleux, caries scrofuleuses et ottorrhées.

Ces maladies se présentent très fréquemment à la consultation de l'Hôtel-Dieu.

Les Eaux de Challes, selon les observations de M. Rey, sont très siccatives; elles agissent à la manière des chlorures.

Catarrhe chronique, compliqué d'hydropisie générale, guéri par les Eaux de Challes.

(Observation communiquée par M.***)

La personne qui en a fait usage avec succès, ayant une complication de maladies, il serait difficile de dire laquelle était la dominante; les Médecins ont cependant jugé que c'était une hydropisie générale déclarée, et qui ne laissait presque plus d'espérance de guérison, si ce n'est que la digestion se faisait encore assez facilement. L'enflure de tout le corps et particulièrement des jambes, une toux presque continuelle et très fatiguante, accompagnée d'une expectoration très abondante, un grand dégoût pour toute espèce de nourriture, semblaient appuyer l'opinion des Médecins. Divers remèdes, tels que vésicatoires, sirop d'asperge, poudres et potions propres à diminuer l'enflure, avaient été employés sans succès.

Les Eaux de Challes, au contraire, produisirent de suite un effet remarquable. Dès les premiers verres que la malade prit, elle fut soulagée de son oppression; l'expectoration devint plus facile; la poitrine se débarrassa; l'enflure diminua insensiblement, et disparut enfin entièrement. La malade a continué l'usage de ces Eaux pendant cinq mois.

Cette personne étant atteinte depuis longues années d'un rhumatisme goutteux anormal, qui lui avait déjà occasionné une enflure moins considérable que celle dont nous avons parlé, il est difficile de décider si, dans cette dernière maladie, l'enflure était l'effet de la seule hydropisie, ou si elle avait deux causes. Quoi qu'il en soit, il est certain que les Eaux de Challes ont produit un heureux résultat.

Observation de M. le docteur Gotteland.

Le nommé Pierre Curtet, de la commune de Triviers, cultivateur-journalier et tisserand, tempérament lymphatique, âgé de 42 ans; habitation malsaine, humide, peu éclairée, au rez-de-chaussée non planchéié.

Depuis plus de sept ans, une éruption à la partie interne et inférieure de la jambe gauche, s'est transformée en ulcération qui a persévéré, s'est agrandie peu à peu, et a fini par envahir le pied et toute la jambe. Tous les remèdes tentés, et particulièrement les onguents, ont aggravé le mal. Souvent Curtet est obligé de se condamner au repos complet du lit pendant plusieurs jours, pour apaiser quelque peu ses douleurs et pouvoir se remettre au travail, afin de se tirer de la misère et procurer du pain à sa nombreuse famille en bas âge. Enfin, excédé de fatigue et de souffrances, il ne peut plus quitter son grabat, ou, s'il en sort, ce n'est que péniblement, à l'aide de deux béquilles. L'abondance de la suppuration, le défaut d'une alimentation suffisante, malgré le secours que la charité lui faisait distribuer, le manque de linge pour les pansements, avaient ajouté à la gravité de l'affection du malheureux Curtet. Une odeur infecte s'exhalait de l'ulcère, qui était d'un aspect vraiment hideux. C'est dans ce pitoyable état que je trouvai le malade, lorsqu'au printemps de 1844, faisant une tournée pour les vaccinations dans les communes du mandement de Chambéry, je fus prié de le visiter par le respectable M. Chapelle, son Curé. J'appris que tout récemment deux de mes plus distingués confrères l'avaient vu, et avaient déclaré que le mal était trop avancé pour qu'on pût entreprendre un traitement quelconque avec une chance de succès. L'état d'extrême faiblesse du malade était surtout une des raisons qui avaient porté mes confrères à regarder la maladie comme complètement au-dessus de toutes les ressources de l'art. J'étais disposé à me ranger de leur opinion, lorsque je songeai aux sources précieuses de Challes qui étaient tout près; je proposai au malade ces Eaux comme la seule planche de salut qui pût lui rester. M. le Curé voulut bien se joindre à moi pour remonter le courage de Curtet, lui inspirer de la confiance, et l'engager à commencer, dès ce jour même, un essai sous sa direction.

L'ulcère fut immédiatement lavé avec soin par de l'Eau de Challes, rendue tiède par l'addition d'eau commune chaude, et des compresses mouillées avec l'Eau minérale furent appliquées. Le malade en but un verre qui fut supporté sans la moindre fatigue. Les jours suivants, la dose de l'Eau minérale fut augmentée, et bientôt le malade put en boire plus d'un litre dans les 24 heures. Les pansements furent continués de la même manière, renouvelés trois fois le jour, le matin, à midi et vers le soir; seulement après quelques jours, on employa l'Eau minérale froide sans mélange d'eau commune. Curtet ne tarda pas à éprouver un soulagement remarquable; l'ulcère fut promptement détergé, son odeur infecte avait presque entièrement disparu, et trois semaines d'un traitement suivi avec exactitude ne s'étaient pas encore écoulées, que déjà sur plusieurs points on voyait s'établir des cicatrices qui, après un mois et demi, n'en formèrent plus qu'une bonne et solide. Un épiderme fin et luisant, recouvrant partout le derme de couleur rosée, était le seul signe d'une si longue et si grave affection. Bientôt l'épiderme se fortifia, la peau reprit sa couleur normale; de sorte qu'au premier coup-d'œil, il n'était plus possible de distinguer laquelle des deux jambes avait été le siége de la dartre. La santé de Curtet s'est rétablie parfaitement; il a pu se livrer dès lors aux travaux les plus pénibles de la campagne, et pendant la dernière mauvaise saison, à sa profession de tisserand. J'ai revu, ces jours derniers, cet homme, qui m'a remercié de lui avoir conseillé les Eaux de Challes, ce que personne n'avait osé faire avant moi. Cette guérison, presque inespérée, étant un exemple des plus frappants de l'efficacité de ces Eaux, je me suis fait un plaisir d'en recueillir l'observation.

Chambéry, le 24 mai 1845.

GOTTELAND.

Docteur en Chirurgie, Vice-Conservateur de la Vaccine.

Observation de M. le docteur Rossi.

Quenard Claude, soldat de service temporaire, est entré à l'hôpital militaire de Chambéry le 10 novembre 1840, atteint de tuméfaction et ulcères fistuleux au pied gauche.

L'examen du pied malade nous mit à même de

reconnaître, 1° deux ulcérations fistuleuses, dont une située à la partie inférieure externe du dos du pied, correspondant au quatrième os du métatarse, et l'autre, entre les deux derniers orteils; 2° l'extrémité des deux derniers métatarsiens cariée, ainsi que les premières phalanges correspondantes; 3° enfin un engorgement œdémateux de tout le pied malade.

Les recherches faites pour reconnaître les causes de cette maladie, si elles n'ont pas été à même de les faire découvrir, nous ont mis dans la circonstance de juger que le malade est de tempérament sanguin, et qu'il n'avait jamais souffert d'affections scrofuleuses, ni syphilitiques, ni autres.

La maladie qui durait depuis quinze mois, ayant été traitée par plusieurs confrères très instruits sans le moindre succès, nous fit croire à son incurabilité, et par conséquent l'ablation des os cariés nous parut indispensable.

Le malade refusant de se soumettre à toute sorte d'opération, il demanda et obtint son congé absolu.

Nous avions perdu de vue depuis longtemps cet individu, lorsque M. le Docteur Domenget nous dit qu'il lui avait fait subir un traitement avec les Eaux de Challes, et qu'il s'en trouvait si bien, qu'il le regardait comme guéri.

Désirant voir dans quel état il se trouvait, M. le Docteur Domenget voulut bien satisfaire à notre désir.

Voici dans quel état est le pied gauche dudit

Quenard : 1° les deux ulcérations fistuleuses sont parfaitement cicatrisées ; 2° de tout l'engorgement, il n'y a plus qu'un très léger empâtement aux environs des cicatrices, qui n'est que l'effet d'un reste d'atonie des tissus qui ont été malades ; 3° enfin, Quenard se livre à tous les travaux pénibles de la campagne, sans souffrir les moindres douleurs, puisque c'est après un voyage de plusieurs heures, qu'il s'est présenté à nous pour être visité.

Chambéry, 1er avril 1842.

Docteur Rossi,

Chirurgien en chef de l'Hôpital divisionnaire de Chambéry.

La guérison de Claude Quenard s'est tellement achevée et consolidée, que cet homme est devenu un des ouvriers les plus robustes et les plus laborieux de la commune. Le pied malade, après quelques mois encore, a repris de la force, tout engorgement a disparu ; je signalerai un peu de raccourcissement dans la partie où il s'est fait, par la carie, une perte totale dans la longueur des phalanges et des os correspondants métatarsiens.

Second fait de guérison d'une carie scrofuleuse du tibia, après le traitement d'une année.

Une des maladies les plus redoutables qui puissent affliger la pauvre humanité, est sans contredit celle qui a son siége dans les os, où la vie existe à un faible degré, et où la nature se montre presque toujours impuissante dans ses efforts conservateurs. Lorsqu'une inflammation de ce genre se déclare dans les profondeurs d'un os, que cette inflammation persévère, qu'elle le gonfle, il est rare qu'elle ne finisse pas par en altérer plus ou moins gravement la substance. On voit alors se déclarer la carie, la nécrose et des ulcères fistuleux interminables.

La chirurgie, de nos jours, a fait d'immenses progrès en associant ses lumières au flambeau de la médecine. Elle a trouvé, dans la découverte heureuse de l'iode et de ses préparations, un agent d'une grande puissance propre à relever la nature de son inertie et de sa faiblesse. Des guérisons inespérées ont été obtenues ; et dès lors on a vu avec consolation le couteau destructeur, l'effroyable gouge et le pesant maillet, tomber quelquefois des mains conservatrices et philanthropiques des plus habiles Chirurgiens, heureux d'avoir épargné des souffrances et une mutilation irréparable.

Georges Cadoud, de la commune de Jacob-Bellecombette, près de Chambéry, appartenant à une famille très pauvre de cultivateurs journaliers, entachée du vice scrofuleux, fait une chute d'un lieu peu élevé, dans laquelle sa jambe gauche fut contuse. Il était alors âgé de 14 ans. Peu de jours après, il ressent une douleur sourde à la partie interne et vers le tiers inférieur de la jambe gauche. Il continue à travailler à la terre; mais bientôt il est forcé par la douleur de s'arrêter. La jambe se gonfle, les douleurs deviennent plus aiguës, lancinantes; un abcès se forme; il s'en écoule un pus abondant de mauvaise nature. La peau des environs de l'abcès devient le siége d'ulcérations croûteuses, s'étendant au loin sur le pied et sur presque toute la jambe. Après deux ans de souffrance passés dans sa misérable chaumière, le jeune Cadoud est présenté à l'Hôtel-Dieu, qui ne reçoit pas, à teneur de ses règlements, les malades incurables. Refusé dans cet asile du pauvre, il fut recueilli par une famille charitable.

Le tibia était évidemment carié sur deux points à deux pouces de distance, et la sonde pouvait pénétrer, par les ouvertures, jusque dans la substance osseuse. Les Eaux de Challes ont cicatrisé, en moins de trois semaines, l'ulcère à la superficie de la peau. L'ensemble de la santé du malade n'a pas tardé à gagner beaucoup sous l'influence du traitement par les Eaux, secondé d'un régime bon et restaurant. Dans le courant du printemps de 1844, six mois après l'usage des Eaux de Challes, en boisson, lotions et en applications constantes, au moyen de linges mouillés, de petites esquilles se sont montrées et se sont échappées des ouvertures fistuleuses. Peu après la suppuration a diminué d'une manière notable, pour cesser tout à fait. Depuis plus de huit mois, les ulcères se sont cicatrisés parfaitement, et Cadoud n'éprouve plus la moindre souffrance. Il peut se livrer impunément aux travaux les plus pénibles du labourage, étant devenu le domestique de la respectable famille à qui il était redevable de la vie. On ne saurait mettre en doute que les Eaux de Challes n'aient eu une grande part à cette cure ; c'est l'opinion de mon honorable et savant confrère, M. le Docteur Sonjeon, qui a cru devoir les conseiller à ce malade, comme un remède tout à fait indiqué dans ce genre d'affection.

Observations de M. le docteur Rigolfi.

Le nommé Burrani Emile, âgé de 19 ans, soldat au 10me régiment d'infanterie, affecté, depuis quatre années environ, d'une ophtalmie sur les deux yeux, occasionnée par un vice scrofuleux et dartreux très prononcé, ayant même au cou des glandes ulcérées, ainsi que des ulcères dartreux sur quelques parties du corps, a fait usage des Eaux de Challes avec beaucoup d'avantage, tellement, que cet homme qui avait perdu un œil et presque complètement la vue par une ulcération, avec albugo recouvrant la cornée transparente de l'autre œil, qui ne lui permettait plus que de distinguer le jour de la nuit, a pu, par le seul emploi de ces Eaux, recouvrer assez de vue pour se diriger sans aide de personne; tandis que, lorsqu'il s'est présenté les premiers jours aux sources minérales de Challes, il y fut conduit par la main.

Ces Eaux ont fait disparaître entièrement les glandes du cou, ont fermé tous les ulcères, et la santé très mauvaise de ce malade s'est améliorée d'une manière très notable.

Avant le traitement par les Eaux de Challes, ce malade avait subi infructueusement beaucoup de traitements, soit dans les hôpitaux militaires, soit dans les établissements d'Eaux minérales d'Acqui et de Vinadio, en Piémont.

J'ai observé que chez ce malade l'albugo a diminué de densité, à un tel point, que j'ose espérer que dans une nouvelle cure par les mêmes Eaux, au printemps prochain, il ne serait point impossible que la cornée transparente redevînt parfaitement lucide.

Chambéry, le 6 avril 1842.

RIGOLFI,

Chirurgien-Major.

Observation recueillie par le docteur Devecchi, chirurgien en second du régiment de Savoie-Cavalerie.

M...., furiere nel 6° squadrone del reggimento Savoia-Cavaleria, era affetto da piu mesi da erpete crostoso estero all' addome ed alle inguini. Contrassi in quel fratempo malattia venerera che trascurata diede logo a lue generale. Per tale complicazione, l' erpete prese un aspetto maligno talchè in breve tempo l' addome e le inguini venero coperte da ulceri depascenti. Appropriati remedii colmarono l' impeto del male, senza però mai poterne dare la guarigione. Giunto in Savoia venne sottoposto ai bagni di Aix-les-Bains : il vantaggio ottenuto fu leggiero, e di poca durata; come ad ultima tavola di salute ebbe ricorso alle Acque di Challes ; le impiego in lozione ed in bevanda : nel corso di due mese circa, questo erpete che durava da cinque anni ribelle ad ogni metodo di cura fu portato a perfetta guarigione.

M......, fourrier dans le sixième escadron du régiment de Savoie-Cavalerie, était atteint depuis plusieurs mois d'une dartre croûteuse et qui s'étendait sur tout l'abdomen et jusque sur les aines, lorsqu'il contracta une maladie vénérienne qui, négligée, donna lieu à une infection générale. Par le fait de cette complication, la dartre prit un caractère malin, à tel point que l'abdomen et les aines se couvrirent en peu de temps d'ulcères rongeants. Des remèdes appropriés calmèrent la violence du mal sans pouvoir cependant en procurer la guérison. Arrivé en Savoie, il fut envoyé aux Eaux d'Aix, qui ne produisirent qu'un soulagement faible et passager. Il eut alors recours aux Eaux de Challes comme à une dernière planche de salut ; il les employa en lotions et en boisson, et dans l'espace de deux mois environ, cette dartre, qui depuis cinq ans s'était montrée rebelle à toutes espèces de cures, parvint à une parfaite guérison.

Cet exemple de guérison de syphilide par les Eaux de Challes, n'est pas le seul qui se soit présenté. Plusieurs malades chez lesquels le mercure n'avait pu arrêter les ravages de la terrible affection, ont été guéris par son seul usage interne continué avec quelque persévérance. C'est ainsi que des ulcères interminables compliqués de carie, ont fini par se cicatriser. Aujourd'hui, on ne saurait plus méconnaître la puissance curative de l'iode contre les affections les plus graves causées par la syphilis constitutionnelle, dont les symptômes formidables sont quelquefois exaspérés par les préparations mercurielles. M. le Docteur Gauthier, de Lyon, Médecin distingué, a publié tout récemment un Recueil très intéressant, où l'on trouve 150 guérisons de syphilis rebelles au mercure, et traitées par l'iodure de potassium avec un succès qui semble tenir du prodige. M. Gauthier est connu avantageusement dans le monde médical ; il est incapable d'exagération.

L'expérience a prouvé que les Eaux de Challes possèdent à un haut degré la vertu de guérir les ulcères syphilitiques dits *mercuriels*, et qu'elles réparent les ravages causés par l'abus du mercure et de ses dangereuses préparations.

M. le chevalier Veyrat, Médecin à Aix-les-Bains, m'a fait part d'un fait assez remarquable de guérison qu'il a obtenue par l'Eau de Challes.

Une jeune et belle demoiselle française, âgée de 17 ans, appartenant à une famille distinguée, était affligée d'une maladie de la bouche qui lui enlevait tout le mérite de ses charmes : c'était une stomatite chronique, qui avait eu pour cause l'administration imprudente de trop fortes doses de calomel, mercure doux (protochlorure de mercure). Une salivation abondante, avec boursoufflement et induration des gencives, fut la triste conséquence de ce remède, auquel on a reproché justement d'avoir fait un grand nombre de victimes, notamment avant que l'on connût la manière de l'obtenir parfaitement préparé.

Depuis dix-huit mois, la jeune personne avait les dents recouvertes par les gencives, qui étaient douloureuses et sécrétaient une humeur légèrement fétide. De plus, elle était atteinte d'une gastrite chronique qu'inutilement on avait cherché à combattre. M. le docteur Veyrat, à qui cette jeune personne fut confiée, pensa que le moyen qui pouvait offrir à l'infortunée malade le plus de chances de guérison, était les Eaux de Challes. Ses prévisions ne furent pas en défaut : les Eaux furent administrées à la dose d'abord d'un demi-verre, trois fois le jour ; elles ne causèrent aucun malaise. Après peu de jours, cette dose fut doublée, puis portée à un litre par jour. Après un mois de traitement, la malade était guérie parfaitement de sa double affection, savoir : de sa gastrite et de la stomatite, les gencives étant rentrées dans leur état normal.

Influence des Eaux de Challes sur les voies urinaires, la gravelle, la goutte.

L'Eau de Challes s'est montrée efficace dans plusieurs cas de maladies des voies urinaires, et particulièrement chez les personnes affectées de gravelle, qui, sous l'influence de cette boisson, se sont trouvées promptement soulagées ou radicalement guéries. Les goutteux, après leurs accès, ont eu recours avec avantage aux Eaux de Challes, qui rétablissent l'estomac et souvent dissipent les engorgements des articulations passés à l'état chronique. On sait aujourd'hui que c'est à la prédominance de certain principe morbide (l'acide urique) qu'est due la formation de la gravelle, au moins 19 fois sur 20 ; c'est donc à détruire cette fâcheuse prédominance que doivent tendre les médications rationnelles. Incontestablement les eaux alcalines peuvent rendre soluble la gravelle ; elles font plus, elles rendent solubles les autres substances que renferme l'urine la plus chargée, de manière à ce qu'elle devient limpide et qu'elle ne dépose plus par le refroidissement.

M. Bonjean, de Chambéry, pharmacien-lauréat de la Société royale de Pharmacie de Paris, qui s'est fait connaître par d'utiles et importants travaux en chimie, a fait sur lui-même diverses expériences qu'il a consignées dans un Mémoire intéressant, ayant pour titre : *Recherches chimiques, physiologiques et médicales sur les Eaux de Challes ;* j'en extrais les passages suivants :

« Si les Eaux de Challes ont la propriété de fondre les glandes endurcies, les tubercules, etc., elles sont en outre très-précieuses dans certaines affections, qui échouent le plus souvent contre la puissance de l'art et les efforts du médecin : je veux parler de la gravelle et d'autres pierres qui se forment dans la vessie. Ces cruelles maladies, pour lesquelles on est souvent obligé d'en venir à des opérations douloureuses, difficiles et dangereuses, prennent leur source dans la présence d'un excès d'acide urique, qui forme lui-même la base de ces sortes de concrétions ; et ces singuliers produits n'auraient probablement jamais lieu, si l'on pouvait entretenir nos humeurs dans un état permanent d'alcalinité. C'est précisément sous ce rapport que les Eaux de Vichy ont acquis la réputation de *fondantes* dont elles jouissent, MM. d'Arcet, Chevalier et Petit ayant prouvé en effet, par un grand nombre d'expériences, que ces Eaux ont la propriété d'imprimer à nos humeurs un caractère alcalin.

« Les succès obtenus par les Eaux de Challes dans

le genre d'affection dont je viens de parler, m'ont engagé à constater sous ce point de vue leur degré d'analogie avec les Eaux de Vichy. Pour atteindre ce but d'une manière rationnelle, j'ai entrepris de les essayer sur moi-même pendant quatre mois consécutifs. J'expose ici un résumé succinct d'une partie de mes expériences à ce sujet.

« 1° En buvant dans la journée un litre d'Eau de Challes, par verrées de deux en deux heures, l'urine rendue cinq à six heures après l'ingestion du premier verre, a déjà perdu son acidité ; elle est alors complètement neutre, et acquiert bientôt une réaction alcaline bien sensible. Pendant la durée du traitement, l'urine conserve son état alcalin ; mais elle reprend son acidité ordinaire dès qu'on cesse l'emploi de l'Eau minérale. L'alcalinité ne se borne pas aux urines, elle s'étend encore à la transpiration et aux autres sécrétions.

« 2° L'urine se dépouille de tout son principe colorant ; elle est rendue aussi limpide que de l'eau, et ne laisse point déposer de mucus.

« 3° En devenant alcaline, l'urine contient en outre de l'iode et du brome dont l'Eau de Challes renferme des quantités assez notables ; cinq à six heures suffisent pour permettre à ces corps d'arriver ainsi, par l'absorption, jusque dans les voies urinaires. On peut même, sans concentrer l'urine, constater par l'acide nitrique la présence de l'iode, dont elle conserve pendant six à sept jours des traces évidentes. J'ai pu également reconnaître l'iode dans ma salive pendant cinq à six jours.

« 4° Si, au lieu de boire, comme précédemment, un litre d'Eau de Challes dans la journée et par intervalles, on en boit la même quantité dans l'espace d'une à deux heures, les résultats varient singulièrement. Ainsi, dans ce cas, l'Eau ayant été bue de six heures et demie à huit heures du matin, l'urine rendue à huit heures 3/4, était déjà limpide, incolore comme de l'eau, et privée de toute acidité. A une heure, elle contenait de l'iode et du brome ; à trois heures, elle reprenait sensiblement sa couleur et son acidité, et deux jours après, elle ne renfermait plus ni iode ni brome. Pendant toute la durée de l'expérience, il m'a été impossible de reconnaître dans ma salive la présence de l'iode.

« 5° Comme on le voit, l'absorption a été plus prompte dans le dernier cas, mais elle a cessé beaucoup plus vite. Ces résultats pouvant conduire à d'utiles conséquences pour la manière d'administrer les médicaments, j'ai cherché à les confirmer par des essais de même genre, dont voici un exemple : Le 14 janvier 1843, étant à jeûn, j'avalai à neuf heures du matin et en une seule fois, cinq grains d'iodure de potassium dissous dans deux onces d'eau. A midi et demi, mon urine contenait déjà de l'iode, dont on ne retrouvait plus de traces vingt-huit heures après l'expérience ; ma salive en a fourni pendant dix-sept heures seulement. Toute la journée du 14, j'ai été en proie à une abondante salivation.

« 6° Quelle que soit la manière dont l'Eau de Challes soit prise à l'intérieur, le sulfure alcalin qu'elle renferme est immédiatement décomposé dans l'organisme sous l'influence de l'oxigénation ; il se transforme en hypo-sulfite de soude, et arrive tel dans les urines, où il est facile de le reconnaître par l'analyse. En effet, les urines ne noircissent jamais par l'acétate de plomb, ce qui arriverait nécessairement si elles contenaient encore quelque parcelle de sulfure non décomposé ; tandis que la teinture d'iode et l'amidon y dénotent aisément une grande proportion d'hypo-sulfite.

« 7° Malgré les recherches les plus minutieuses, je n'ai pu, dans aucun cas, reconnaître l'iode et le brome dans la transpiration.

« D'après les résultats obtenus dans les expériences précédentes, on peut hardiment conclure que l'Eau de Challes, éminemment alcaline, doit jouir d'une efficacité incontestable dans la gravelle, et, par analogie, dans le traitement de la goutte, puisqu'elle a la propriété de neutraliser l'acide urique, qui prédomine dans ces deux affections, dont la cause prochaine est identique.

« Pour ce qui regarde son administration, comme le succès d'un remède dépend en grande partie de la manière dont il est absorbé, l'Eau de Challes devra être bue par petite quantité à la fois, avec la précaution de laisser toujours une à deux heures d'intervalle entre chaque verrée. Nous avons vu précédemment qu'en mettant un jour à boire un litre de cette Eau, l'absorption avait duré six à sept jours, tandis que tout phénomène de cette nature avait cessé au bout de quarante-huit heures, en buvant la même quantité de liquide dans l'espace d'une heure à une heure et demie.

« Toutes les Eaux sulfureuses s'altèrent au contact de l'air. Les Eaux de Challes subissent donc la conséquence de cette loi toute chimique, mais à un degré bien inférieur à celui qui atteint, dans la même circonstance, toutes les Eaux du même genre, parce que cette altération est d'autant moins rapide, que l'eau est plus riche en sulfure alcalin. L'oxigène atmosphérique étant ainsi l'agent le plus actif de la décomposition du principe sulfureux des Eaux minérales, il importe de les garantir le plus possible du contact de l'air. Les Eaux de Challes, mises convenablement en bouteilles, qu'on aura soin de tenir couchées, peuvent se conserver plus d'une année sans éprouver de modification essentielle dans leur constitution. Mais lorsqu'une bouteille a été débouchée et que son contenu ne doit pas être consommé dans la journée, il est bon de transvaser l'eau dans de petits flacons, qui en seront remplis le plus exactement possible, bien bouchés et tenus couchés. Sans cette précaution, l'eau se trouble, jaunit par le passage du soufre du sulfure neutre à l'état de polysulfure, et finit par déposer un léger précipité de soufre mêlé à des traces de matière organique et de carbonate de chaux.

« Quand on veut attaquer dans sa racine une de ces affections graves qui désolent tant de familles, lorsqu'il s'agit, par exemple, de corriger un vice dartreux, scrofuleux, une disposition à la gravelle, une tendance à la goutte, etc., il ne faut pas perdre de vue que, pour en obtenir les succès désirables, le remède doit être continué pendant long-temps. C'est ainsi que de jeunes malades atteints d'écrouelles et n'ayant éprouvé aucune amélioration sensible après trente à quarante jours de traitement par les Eaux de Challes, ont eu le bonheur de se trouver entièrement guéris après en avoir poursuivi l'usage pendant plusieurs mois. »

Influence des Eaux de Challes dans les maladies cancéreuses et les maladies de poitrine.

L'Eau de Challes semble étendre son efficacité même sur les maladies cancéreuses. Le Docteur Tanchoux, de Paris, qui se livre à la spécialité des maladies des femmes, assure avoir guéri, par son, seul emploi en boisson et en injections, des maladies très graves de l'utérus, des ulcérations de nature carcinomateuse, des engorgements squirreux, des granulations, des écoulements blennorrhéïques, etc. Le Professeur Lisfranc obtient des guérisons semblables par l'iodure de potassium, dont il a signalé tout récemment les effets merveilleux.

Pendant un séjour de deux mois que j'ai fait à Paris en 1842, je fus prié de voir en consultation une malade du Docteur Canquoin, qui s'occupe spécialement des maladies cancéreuses, et qui les combat par ses procédés des caustiques.

Madame K., anglaise, avait le malheur d'être entachée du vice cancéreux, fléau si cruel pour l'humanité. Le Docteur Canquoin lui avait fait l'extirpation du sein gauche. Comme il arrive presque toujours, la terrible affection repullula peu de mois après : il fallut en venir à une nouvelle application du caustique ; ainsi que la première fois, on obtint de cicatriser l'ulcère ; mais ce succès fut de peu de durée ; la maladie reparut, et il fallut recourir à une troisième opération qui réussit comme les précédentes. Cette dernière fut la plus douloureuse, et Mme K. déclara au Docteur Canquoin que, dans le cas où son mal viendrait à se renouveler, elle ne consentirait plus à une quatrième opération. Cependant les formidables symptômes du cancer vinrent de nouveau affliger l'infortunée malade et plonger sa famille dans une cruelle perplexité. Déjà la cicatrice s'enflammait et ses bords se développaient en bourrelets durs, rougeâtres, avec élancements; de plus, un engorgement arrondi, de la grosseur d'une amande, se dessinait et était douloureux au tact. Quoique je dusse avouer que l'expérience ne m'avait fourni encore qu'un trop petit nombre de faits qui pussent me donner assez de confiance dans l'emploi des Eaux de Challes pour guérir le cancer, il fut décidé, de l'avis de mon honorable confrère, qu'un traitement par ces Eaux serait commencé dès le lendemain même. Avant mon départ de Paris, j'ai eu la satisfaction de m'assurer que Mme K. supportait très bien l'eau minérale, dont elle buvait une demi-bouteille dans la matinée; ses douleurs étaient considérablement soulagées; elle se sentait plus de force, plus d'appétit, plus de courage. On mouillait avec l'Eau minérale des couches d'amadou avec lesquelles on recouvrait constamment la partie malade.

Deux ans après, M. le Docteur Canquoin m'écrivit pour me demander s'il existait un établissement thermal à Challes, où il pût diriger quelques malades. Dans sa lettre du 15 juin 1844, datée de Mirande, près de Dijon, on trouve ce qui suit :

« La Dame anglaise chez laquelle il était survenu
« quelques légers engorgements à la suite de trois
« opérations pratiquées en deux années, pour une
« affection cancéreuse au sein gauche, Dame que

« nous avons vue ensemble et dont vous vous souvien-
« drez sans doute, s'est parfaitement trouvée de vos
« Eaux de Challes, dont elle a fait usage pendant
« trois à quatre mois. Le fait est que tout a disparu
« sous leur influence. »

M. le Docteur Gilibert, de Lyon, a obtenu par les Eaux de Challes la guérison d'un ulcère carcinomateux de la langue, avec hypertrophie. On avait eu recours inutilement à toutes sortes de médications, sans en excepter l'iodure de potassium. Le malade, âgé de près de 60 ans, était au désespoir, lorsque les Eaux de Challes lui furent conseillées. Elles lui procurèrent bientôt un grand soulagement; et après quelques mois, durant lesquels il avait absorbé sans fatigue plus de 150 bouteilles d'Eau, le terrible ulcère était complétement cicatrisé, et la langue hypertrophiée était revenue à sa grosseur normale. J'ai vu ce malade : il m'a dit qu'il n'avait plus aucune souffrance ; mais que dès qu'il ressentait quelque gêne dans la langue, vite il avait soin de recourir à quelques bouteilles d'Eau de Challes ; ce qui lui suffisait pour dissiper son malaise et ses craintes.

Le même Docteur Gilibert, Praticien si justement renommé par sa longue et sage expérience, dans un entretien que j'ai eu l'honneur d'avoir chez lui en juillet 1844, m'a assuré et autorisé à dire qu'il avait administré avec un heureux succès l'Eau de Challes à quelques poitrinaires évidemment tuberculeux, et notamment à un malade chez lequel il existait une caverne bien manifeste, dont quelques-uns de ses confrères, tout aussi bien que lui, avaient reconnu l'existence. M. Gilibert continue ses recherches, qui ont pour but de constater l'efficacité des Eaux minérales sulfureuses, et particulièrement de celles iodurées de Challes, dans le traitement des phthisies contre lesquelles les moyens ordinaires de la thérapeutique échouent toujours. Déjà il a pu recueillir un bon nombre de faits intéressants; il se propose de les publier aussitôt qu'il aura complété ses observations. Cet habile Médecin sait qu'il importe, avant d'en venir à l'administration des eaux minérales, de réduire tout d'abord l'état aigu de la maladie à l'état chronique; ce qui ne peut s'obtenir que par les médications dites antiphlogistiques, les émissions sanguines, les adoucissants, les calmants, etc.

Influence des Eaux de Challes dans les maladies du foie.

J'ai été témoin de plusieurs guérisons de maladie du foie par les Eaux de Challes; je n'en signalerai qu'une seule recueillie à Lyon par M. le Docteur Levrat-Perroton, Médecin en chef de l'Antiquaille.

Une Dame, âgée de 40 ans, fut atteinte d'une hépatite aiguë que l'on combattit par le traitement antiphlogistique ordinaire ; mais il ne fut pas possible d'en obtenir la résolution ; elle devint chronique ; un ictère bien prononcé se manifesta, et le toucher permettait de distinguer que le foie était volumineux. Par la pression, on causait de la douleur particulièrement dans la partie correspondante à la vésicule biliaire. Les aliments les plus légers étaient fréquemment rejetés. Les remèdes qui furent essayés pour triompher de la maladie, semblaient nuire et irriter de plus en plus. C'est en cet état que M. Levrat conseilla les Eaux de Challes ; elles furent d'abord administrées par demi-verre, et comme il vit que l'Eau minérale passait bien, il en augmenta peu à peu la dose. Ce Praticien distingué assure que l'Eau de Challes ayant manqué au dépôt de Lyon, on fut obligé d'interrompre le traitement pendant quelques jours, et la malade qui n'éprouvait plus de vomissement depuis l'usage de l'Eau minérale, eut le chagrin de les voir reparaître. Cependant l'Eau salutaire arriva ; elle fut continuée pendant plus d'un mois, et il s'en suivit une entière et parfaite guérison.

Les maladies causées par les calculs biliaires pourront être attaquées avec le secours de l'Eau de Challes qui est essentiellement fondante ; je me propose de faire des expériences directes sur les calculs de ce genre que l'on rencontre quelquefois chez des individus qui ont succombé à une autre affection.

Efficacité des Eaux de Challes dans les maladies vermineuses.

Les Eaux de Challes possèdent la vertu anthelmentique à un haut degré. C'est une propriété qu'il m'a été bien facile de reconnaître. Le premier bassin de 25,000 litres que j'ai fait tout entier tailler dans le roc, venait d'être achevé ; il lui fallait un déversoir. Je crus devoir diriger l'Eau minérale dans le ruisseau situé à peu de distance dont j'ai parlé. Je fis pratiquer pour cela un petit fossé ; le lendemain, l'Eau minérale l'avait parcouru dans toute sa longueur ; j'y remarquai un grand nombre de vers sans vie, et quelques-uns prêts à s'éteindre, tous noyés dans l'Eau minérale.

Plusieurs malades qui ne croyaient pas avoir des vers, en ont rendu après avoir bu quelques verrées seulement de l'Eau de Challes. Le même résultat s'est montré chez les enfants ; on sait combien ils sont sujets à ce genre d'affections, qui bien souvent leur devient funeste. Je ne veux pas oublier de prévenir que c'est toujours à de très légères doses que l'on doit faire prendre l'Eau de Challes aux enfants en bas âge. Elle les délivre non-seulement des lombrics, mais encore des ascarides vermiculaires qui habitent l'intestin rectum. Dans ce dernier cas, l'Eau administrée en lavement réussit plus sûrement pour les en déloger ; tandis que l'Eau prise intérieurement, enlève peu à peu à l'enfant, qu'elle fortifie, la prédisposition au développement de ces entozoaires plus incommodes que vraiment dangereux. Malgré l'amertume de l'Eau de Challes, amertume qui est due à la présence et à l'abondance du sulfure de sodium, les petits enfants se décident volontiers à la boire. C'est ainsi que j'ai vu une petite fille de deux ans et demi, à qui, sans la moindre difficulté, sa bonne faisait avaler un demi-verre de l'Eau minérale en deux fois, à une demi-heure d'intervalle, le matin à jeûn. Ce remède lui était donné non-seulement comme contre-vers, mais encore pour la délivrer d'une teigne muqueuse sur le front et les joues, teigne qui n'a pas tardé à disparaître sans retour, et la santé de la petite fille s'est fortifiée dès lors.

Une personne qui réside aux environs de Genève, où le ténia se montre très fréquemment chez l'homme et chez le chien, m'a écrit qu'il s'était débarrassé de cette vilaine bête (c'est ainsi qu'il la désignait) avec deux bouteilles d'Eau de Challes, bues coup sur coup par verrée, de demi-heure en demi-heure, en commençant le matin à jeûn. Immédiatement après la dernière dose, le ténia fut entraîné dans une selle provoquée par deux onces d'huile de ricin.

Observation communiquée.

Une petite fille de quatre ans avait depuis quelque temps un sommeil agité; elle se réveillait fréquemment épouvantée, et il lui arrivait parfois de pousser des cris perçants. On soupçonna que l'enfant se donnait frayeur, et on la fit coucher avec la domestique de la maison. Elle continua à se réveiller et à s'agiter comme auparavant; de plus, on découvrit qu'elle portait fréquemment ses mains à ses organes sexuels, qu'elle déchirait, au point de former de petites plaies suppurantes. C'était des ascarides qui s'étaient nichés dans les replis de la peau, après une émigration de leur domicile naturel (l'intestin rectum).

Le Médecin de la petite demoiselle ajoute que dans ce dernier cas, les ascarides étaient tellement exigus, qu'il eût été difficile de les apercevoir au premier coup d'œil, et sans une attention toute particulière.

Avec le secours de l'Eau de Challes, les vers furent expulsés, et les petites ulcérations furent cicatrisées en peu de jours. Un tel fait est de nature à engager toujours plus les Praticiens à bien rechercher les véritables causes des maladies.

Efficacité des Eaux de Challes dans les fièvres intermittentes.

J'ai signalé dans mon Aperçu, publié en 1841, la guérison vraiment surprenante de plusieurs malades atteints de fièvres intermittentes, par la boisson de quelques verres, ou tout au plus de deux à trois bouteilles d'Eaux de Challes; aujourd'hui, je pourrais citer un grand nombre de faits semblables. Les Eaux de Challes opèrent la guérison le plus ordinairement sans récidive, sans fatigue de l'estomac; tandis qu'il en est presque toujours autrement, lorsque la fièvre est supprimée par le sulfate de quinine, que l'on voit blesser les organes digestifs, et donner lieu à une convalescence longue et difficile, qui est sujette à de fréquentes récidives. En effet, la fièvre coupée par le sulfate de quinine revient, avec tout son cortége de symptômes fâcheux, après le deuxième ou le troisième septenaire. On croit bien faire, on se hâte de reprendre une dose souvent plus forte de ce remède héroïque qui, de nouveau, ne procure parfois qu'une guérison momentanée. Un malade a dû revenir, jusqu'à sept fois, au sulfate, qui fatigua tellement l'estomac, que l'on crut qu'il s'était déclaré une gastrite. On recourut à l'Eau de Challes, qui fut tolérée; l'accès ne fut pas immédiatement supprimé, mais il fut considérablement atténué. Après peu de jours, la malade fut délivrée pour toujours de la fièvre, et sa convalescence fut franche et assez prompte. Quoi qu'il en soit des bons effets de l'Eau de Challes dans les fièvres intermittentes, particulièrement dans celles causées par des émanations marécageuses, on ne devra pas moins donner la préférence au sulfate de quinine, ou au citrate de quinine, ou à d'autres préparations de quina, toutes les fois qu'il s'agira de combattre une fièvre intermittente à caractère pernicieux : rien ne saurait remplacer efficacement ce puissant fébrifuge, lorsque l'existence du malade est en danger. Mais il en est autrement dans tous les cas de fièvres intermittentes bénignes. Il est mieux de les attaquer par des fébrifuges plus doux et qui ne blessent pas l'estomac : tels que les infusions amères de petite centaurée, de trèfles de marais, de germandrée et autres de ce genre. C'est dans ces mêmes cas qu'on pourra essayer les Eaux de Challes, surtout si la fièvre est compliquée et entretenue par quelques engorgements des viscères abdominaux.

Il existe dans la commune de Triviers un très petit marais situé dans le voisinage des habitations, qui, plus que jamais, a donné lieu, pendant l'été et l'automne de l'année dernière et au printemps de cette année, au développement de fièvres intermittentes. On a attribué cet accroissement à l'irrégularité des saisons qui s'est montrée plus extraordinaire que jamais, même loin de tout foyer d'infection miasmatique, et jusque dans les populations des communes situées sur les montagnes. Les Eaux de Challes ont rendu de grands services ; la plupart des malades en ont fait usage avec succès. Ceux qui n'ont pas recouru à l'Eau minérale, sont parvenus à s'en délivrer par les décoctions des plantes ci-dessus, et quelques malades au moyen d'un remède qui n'est pas nouveau, que j'ai vu réussir plusieurs fois parfaitement bien. Le voici : Il est préparé avec le suc du sedum album, plante qui croit abondamment sur les vieux murs ; il est mêlé à une égale quantité d'eau-de-vie de marc de raisin, pour une verrée plus ou moins grande, selon l'âge et la force du malade. Le remède est pris une heure ou deux avant le retour de l'accès, et il est rare qu'il ne la supprime pas, sans perturbation des voies digestives. Je l'ai vu ainsi opérer, tout récemment, cet effet salutaire, sept fois sur huit malades.

Il ne s'est manifesté aucun des symptômes fâcheux décrits dans les Ouvrages de Toxicologie. Une femme enceinte de huit mois a éprouvé seulement un abattement général des forces, un peu de pesanteur de tête et une transpiration qui a duré 36 heures ; après quoi tout a été fini : la fièvre a été supprimée, l'appétit s'est prononcé, la couleur jaune, particulière aux malades frappés quelquefois par un seul accès de fièvre, a été remplacée par la coloration normale. L'accouchement a été très heureux, et le nourrisson prospère à merveille. Si de pareils faits se multipliaient encore, ils seraient de nature à engager les Praticiens à conseiller ce remède de préférence aux préparations arsenicales qu'on s'efforce de toutes parts de réhabiliter; médicament excessivement dangereux, que l'on préconise peut-être aujourd'hui avec une témérité qui pourrait bien plus tard laisser d'amers regrets, en faisant déplorer des accidents funestes.

Efficacité des Eaux de Challes contre le goître et le crétinisme.

Jusqu'ici je n'ai pas parlé de l'efficacité de l'Eau de Challes contre le goître; cette efficacité ne saurait être mise en doute. Si je n'en ai rien dit, c'est que cette infirmité ne se rencontre pas aux environs de Chambéry. Je m'empresse, pour suppléer à mon silence sur ce sujet, qui occupe aujourd'hui beaucoup la philanthropie des Médecins et des Naturalistes, de rapporter ici une Annotation à un intéressant Mémoire de M. le Docteur Mottard, que je trouve dans le N° 22, 3me année, du 30 mai 1845, de la *Gazette de l'Association agricole.*

Cette Annotation est due à M. le chevalier Bonafous, mon illustre et très savant confrère, Membre correspondant de l'Institut de France.

« En reconnaissant avec l'auteur de ce Mémoire que l'iode et le brôme, combinés à diverses substances, et administrés avec précaution, exercent une action efficace sur le goître, nous saisissons cette circonstance pour appeler l'attention des habitans de la Maurienne, où cette maladie est endémique, sur l'utilité qu'ils peuvent se promettre de l'emploi des Eaux minérales de Challes, découvertes près de Chambéry par M. le Docteur Domenget. La quantité d'iode et de brôme que ces Eaux ont offerte à l'analyse de deux habiles Chimistes, MM. Henry et Bonjean, nous autorise à présumer qu'il serait opportun d'en faire l'application au traitement du goître et du crétinisme, toutes les fois que ces maladies sont encore à l'état naissant. Le principe sulfureux, dont ces Eaux sont si richement pourvues, en agissant utilement avec l'iode ou le brôme sur les affections scrofuleuses, qui s'associent fréquemment aux tumeurs du corps thyroïde, ajoute une valeur de plus à leurs propriétés thérapeutiques. Ces Eaux peuvent être facilement transportées et conservées sans altération pendant plus d'une année. »

CONCLUSIONS.

Les Eaux de Challes ont une saveur amère très prononcée due au sulfure de sodium. La glairine dont elles sont richement dotées, les rend onctueuses et amies des tissus organiques.

Elles sont dépuratives, fondantes, détersives, résolutives, siccatives et antiputrides.

Quoique les plus saturées, en principes minéralisateurs, de toutes les Eaux connues, elles ne produisent généralement que peu d'impression sur les voies alimentaires où elles sont promptement absorbées (*). Ne contenant pas de sels purgatifs, elles ne purgent

(*) Le cheval et le bœuf boivent sans la moindre répugnance l'Eau de Challes; il en est même qui la préfèrent à l'eau commune pure ou troublée par du son. Chez les animaux sains, l'Eau minérale donnée comme unique boisson, ne provoque pas de perturbations notables dans les voies digestives; elle ne purge pas, elle ne fait qu'aiguiser l'appétit et disposer à une plus abondante transpiration. Chez les animaux malades, qui la supportent également très-bien, elle opère des effets curatifs remarquables. De nouvelles expériences répétées de temps en temps, continuent à fournir des résultats avantageux. Je prends soin de recueillir les faits avec une rigoureuse exactitude. Ils seront l'objet d'un Mémoire que je me propose de publier plus tard, Mémoire qui sera loin d'être sans intérêt pour l'art vétérinaire, encore si peu en progrès.

pas, sinon dans quelques cas exceptionnels dépendant d'une idiosyncrasie toute particulière. Elles ne provoquent pas le vomissement, à moins que le malade n'y soit prédisposé par un état saburral de l'estomac, ou, comme il arrive souvent, par cet état de malaise, de faiblesse et d'irritation spasmodique qui précède le retour de certains accès de fièvre intermittente.

Quoique les Eaux de Challes possèdent à un haut degré le pouvoir d'exciter toutes les fonctions de l'organisme, elles n'en sont pas moins hyposténisantes et sédatives du système nerveux malade; elles calment la douleur; elles concilient le sommeil; elles font cesser les palpitations, particulièrement celles qu'éprouvent les jeunes filles chlorotiques. Un grand nombre de névralgies douloureuses à type intermittent ou continu ont cédé à la boisson des Eaux de Challes, et quelquefois comme par enchantement.

Elles ont causé, mais très rarement, chez des malades faibles et nerveux, un état passager semblable à celui de l'ivresse, une disposition à la somnolence qui ont pu être promptement dissipés par quelques excitants diffusibles, tels que l'éther, les pastilles de menthe, et mieux encore l'infusion de café.

Les Eaux de Challes conviennent principalement aux personnes chez lesquelles il existe une prédominance du système lymphatique, et c'est sur ce système que leur action se dirige pour y augmenter la vitalité, susciter des mouvements dans les organes des excrétions et des sécrétions qui éliminent les principes morbides.

Quoi qu'il en soit de l'innocuité des Eaux de Challes, que mille faits ont démontrée, je n'en recommanderai pas moins aux malades de prendre toujours les conseils des Médecins, seuls capables de décider sur l'opportunité de l'emploi des Eaux, et de le diriger. Il est des maladies, et le nombre en est plus grand qu'on ne pense, qu'il est de la dernière imprudence de chercher à guérir : la nature les a créées pour sauver l'économie animale aux prises avec quelque terrible ennemi impossible à dompter. Hélas! souvent le malade est condamné à le ménager, à le caresser, s'il est permis de le dire, pour éviter sa fureur destructive. Il est d'autres affections auxquelles on ne doit toucher qu'avec une extrême circonspection; c'est ainsi qu'on ne ferme pas un vieux ulcère impunément; c'est ainsi qu'on ne fait pas disparaître une fluxion dartreuse, sans exposer des organes internes, dont l'intégrité est essentielle à la conservation de la vie, à recevoir le contre-coup de la perturbation humorale. Il convient alors d'attaquer, avant tout, le principe morbide, et de détruire la diathèse dont il dépend. On ne peut atteindre sûrement ce résultat que par l'usage interne des Eaux minérales, continué avec une persévérance plus ou moins soutenue, suivant la nature, la gravité et l'ancienneté de la maladie. Quant à la quantité d'Eau minérale à absorber en boisson, elle devra toujours être en rapport avec l'âge et la force des malades.

En résumé, les Eaux de Challes sont indiquées contre les maladies de la peau, les dépôts de gale, les dépôts laiteux, les vieux ulcères même avec carie des os, les scrofules, le rachitisme, les catarrhes et les rhumatismes chroniques, la gravelle, la goutte atonique, les aigreurs d'estomac, les maladies vermineuses, tuberculeuses et même cancéreuses, et généralement contre toutes les phlegmasies chroniques.

L'efficacité de l'Eau de Challes a encore été reconnue dans l'hydropisie, les maladies du foie, les névralgies, les fièvres intermittentes, particulièrement celles provenant d'émanations marécageuses, qui résistent quelquefois aux meilleures préparations de quina, et sont sujettes à de fréquentes récidives, attribuées à des lésions des viscères abdominaux, et dans la syphilis constitutionnelle, particulièrement dans les cas les plus graves et les plus compliqués, rebelles aux traitements mercuriels et exaspérés par eux (*).

(*) « Cette étonnante variété d'action des Eaux sulfureuses, nous en avons recherché précédemment la cause : si nous avions besoin encore de justifier notre croyance à ces effets variés, nous aurions pour nous le témoignage et l'opinion favorable de Bordeu. Ce profond appréciateur de l'action thérapeutique des Eaux minérales, dit, en parlant des cas si divers où l'on fait un usage avantageux des Eaux

L'Eau de Challes est contre-indiquée dans l'état aigu des maladies, dans la pléthore sanguine, et lorsqu'il existe une disposition aux congestions vers la tête.

L'Eau de Challes peut se transporter au loin et se conserver sans altération. Les bouteilles doivent être tenues couchées. Lorsqu'une bouteille aura été débouchée et commencée, et que son contenu ne pourra être consommé dans la journée, il devra être transvasé dans de petits flacons remplis exactement, et qui également seront tenus couchés.

On peut faire usage de l'Eau de Challes en tout temps, soit en boisson, à la dose d'un demi-verre à un verre pour les enfants en bas âge, d'un à deux verres et jusqu'à plus d'un litre par jour pour les adultes, soit en lotions et en injections froides ou tièdes, soit en bains, en ajoutant à l'eau commune chauffée d'une baignoire, de six à huit bouteilles d'Eau minérale.

Bonnes : Si ces effets paraissent opposés, et ne peuvent pas être produits par une même cause, on ne doit s'en prendre qu'à la faiblesse de nos lumières, qui ne nous permettent point de connaître la façon d'agir d'un remède dont les usages sont si étendus qu'on peut le regarder comme un Protée. » (*Histoire chimique médicale et topographique de l'Eau minérale sulfureuse d'Allevard*, par le Professeur Dupasquier, de Lyon, 1841.)

Rapport sur la nature chimique de l'Eau sulfureuse, alcaline, iodurée de Challes, en Savoie, fait au nom de la Commission des Eaux minérales de l'Académie royale de Médecine (*), *dans la séance du* 27 *septembre* 1842; *par M. O. Henry, membre et chef des travaux chimiques de l'Académie royale de Médecine.*

Au mois d'avril de l'année dernière, M. le Docteur Domenget, membre correspondant de l'Académie royale de Médecine, découvrit, dans sa propriété de Challes, à une lieue de la ville de Chambéry et à quelques centaines de pas de la route de Turin, une source *froide très sulfureuse assez abondante.*

Les premiers essais analytiques qui furent entrepris sur cette Eau, par MM. Bebert et Peyrouse, démontrèrent qu'elle était minéralisée par un *sulfure alcalin*, et qu'elle recelait des quantités fort sensibles d'*iodure*. Quelques applications thérapeutiques faites sur les hommes et les animaux prouvèrent, à n'en pas douter, son efficacité dans plusieurs cas de maladies graves; et ces bons effets ne se sont pas démentis depuis; car déjà quelques Médecins fort distigués de la capitale ont paru se trouver très bien de l'emploi de l'Eau de Challes dans leur pratique médicale.

(*) Extrait du *Bulletin de l'Académie royale de Médecine*, t. VIII.

M. le Docteur Domenget, fort des heureux résultats qu'il avait obtenus lui-même par l'emploi de cette Eau minérale, fort aussi de sa nature chimique, pensa que l'Académie royale de Médecine de Paris apprendrait avec intérêt la découverte de sa source sulfureuse, et les premiers succès qu'il avait eus avec l'administration de l'Eau. Il vint, en conséquence, vous exposer, Messieurs, ses résultats, et solliciter de vous une analyse complète de cette Eau, afin d'obtenir par votre sanction l'autorisation de l'exploiter plus tard, si bon lui semblait.

Vous avez renvoyé à la Commission des Eaux minérales l'examen de l'Eau minérale de Challes, en Savoie, et j'ai été chargé de ce travail. Ce sont les résultats de mon analyse que je viens vous soumettre aujourd'hui. Je dois dire auparavant que j'avais déjà commencé mes essais sur des échantillons expédiés ici en fort bon état de conservation, et accompagnés de certificats de puisement dûment légalisés, lorsque M. le Docteur Domenget me proposa d'aller à la source même étudier l'Eau de Challes, afin d'avoir tous les moyens de l'analyser avec la plus grande confiance, et de m'assuser des différents phénomènes qu'elle pouvait présenter à son point d'émergence. J'acceptai la proposition qui m'était faite, et, au mois de juillet dernier, je me rendis à Challes. C'est donc à la source même que j'ai fait la majeure partie des expériences qui m'ont conduit à déterminer la nature chimique de l'Eau minérale de Challes : j'ose espérer dès lors que la Compagnie pourra accueillir avec confiance les résultats que je vais avoir l'honneur de lui présenter.

De l'Eau minérale sulfureuse iodurée de Challes, en Savoie.

A douze pieds environ au-dessous du sol, cette Eau sourd, par quelques fissures d'un très petit diamètre, d'une roche grisâtre, schisteuse, veinée de bandes de chaux carbonatée cristallisée.

La roche, quoique très-dure, se divise en feuillets assez épais et s'exfolie même facilement à l'air ; elle est formée par couches inclinées obliquement de droite à gauche, et le bassin où l'Eau se réunit a été creusé dans la roche elle-même. Un petit bâtiment, fermé de toutes parts, garantit la source des influences de l'air extérieur et des infiltrations d'eaux étrangères.

Dans le voisinage de la source sulfureuse, on remarque beaucoup d'autres sources d'eaux très bonnes à boire, et qui n'ont aucune odeur désagréable.

Quant au bassin dans lequel l'Eau minérale s'accumule, on n'y aperçoit au fond ou sur ses bords aucune conferve de couleur verdâtre. Les parois sont seulement revêtues d'une matière gluante, glaireuse, présentant les caractères de la *glairine*. De plus, l'Eau minérale, dans son trajet à l'air, laisse former, le long de son parcours, du soufre et de petites houppes soyeuses ou des filaments qui, au microscope, offrent beaucoup d'analogie avec la conferve découverte et décrite par M. le Docteur Fontan, sous le nom de *sulfuraire*.

Le produit de la source de Challes s'élève à peu près à douze à quinze cents litres par vingt-quatre heures. Des fouilles entreprises, pendant mon séjour en Savoie, à peu de distance de la source dont nous parlons, ont fait découvrir d'autres filets très abondants d'une Eau tout à fait identique; ce qui permettra au propriétaire de pouvoir, par la suite, satisfaire aux besoins qui pourraient se multiplier.

L'Eau de Challes, au sortir de la roche, est d'une parfaite limpidité; le principe sulfureux s'y trouve dans un état *complet de neutralité ;* aussi, bien que les réactifs décèlent dans le liquide de grandes quantités de sulfure, l'odeur sulfureuse est *pendant quelques instants à peu près nulle*, et ce n'est que par l'action de l'air qu'elle se développe bientôt avec une intensité progressive.

La saveur de cette Eau est fortement sulfureuse, amère, mais très supportable; sa pesanteur spécifique présente à peine quelque différence avec celle de l'eau distillée, et sa température varie de 11,5 à 12 deg. cent., celle de l'air étant à 24 degrés. Exposée à l'air, elle se trouble peu d'abord, puis jaunit en devenant *polysulfurée*, dépose un léger précipité formé en presque totalité de soufre avec quelques traces de matière organique et de carbonate de chaux.

L'Eau, au griphon, est fortement alcaline et onctueuse au toucher; l'ébullition à l'abri de l'air ne la trouble que bien légèrement et n'en dégage que peu de gaz azote, carbonique et hydrosulfurique. A ce griphon, on ne voit qu'à de longs intervalles et en bulles très rares et très petites un dégagement de gaz azote. Les canaux par où l'Eau minérale s'échappe, paraissant fort étroits, ne laissent sans doute à l'air qu'un passage difficile; de là, alors, le peu d'altération ou de *dégénérescence* de cette Eau minérale, et sa *grande richesse sulfureuse*. Les réactifs n'y accusent, par une analyse qualitative, que de légères traces de *chaux* et de *magnésie*, mais beaucoup de *soude carbonatée* et *silicatée*, de *matière organique*, des *sulfates*, des *chlorures*, des traces sensibles de *potasse*, de *fer*, de *manganèse*, d'*alumine*, de *phosphate*, de *bromure*, une proportion notable d'*iodure alcalin*, et surtout une quantité assez élevée de *sulfure de sodium*. Toutes les expériences ont démontré que ce sulfure est *neutre*, et non à l'état *de sulfhydrate de sulfure*, ou associé seulement à un peu d'*acide sulfhydrique libre*. Les carbonates terreux y sont tenus en dissolution à l'état de bicarbonates et complètement saturés.

Il serait hors de propos d'indiquer ici le détail des procédés analytiques que j'ai suivis pour l'examen de l'Eau de Challes ; je les passerai sous silence ; je me bornerai seulement à dire que l'existence de l'iodure, qui ne saurait être reconnue directement dans l'Eau intacte, à cause de la présence du *sulfure alcalin*, peut y être décélée aisément quand cette Eau a été *préalablement désulfurée*. Il est même alors inutile de la faire évaporer ou concentrer pour y parvenir. Voici en quelques mots le mode qui m'a parfaitement réussi ; je l'ai exécuté en présence de plusieurs Chimistes de Chambéry. On ajoute, dans un poids connu d'Eau minérale, un litre, par exemple (sur un décilitre l'effet est même encore sensible), un léger excès de sulfate de zinc, qui en sépare tout le principe sulfureux ; on filtre, et dans le liquide clair on instille avec précaution du *chlorure de palladium*. La liqueur se trouble d'abord, brunit et bientôt laisse précipiter des flocons noirâtres, qui, lavés, recueillis, séchés avec soin et pesés, représentent l'iode en *iodure palladique*. Cet iodure, dissous à l'aide d'un peu d'ammoniaque, fournit une solution qui, mélangée d'amidon et d'acide sulfurique à 66 degrés, ajouté *progressivement* et avec précaution, prend une couleur bleue ou violette plus ou moins intense. Avec un *milligramme* d'iodure de palladium ainsi traité, il est facile de faire, sur un verre de montre, cinq ou six essais semblables.

L'Eau de Challes, comme les Eaux sulfureuses sodiques, ne donne pas une grande quantité de substances salines fixes ; ainsi pour 1000 grammes j'ai obtenu 0 gram., 855, environ 17 grains.

Ces substances étaient composées de 0,648 principes solubles dans l'eau, et de 0,207 principes insolubles.

La richesse sulfureuse de l'Eau prise au griphon fut déterminée, soit par le sulfure d'argent formé, soit par le procédé de M. Dupasquier (le sulfhydromètre).

Dans un grand nombre d'essais très comparables, elle fut, pour 1000 grammes d'eau ou un litre, égale à soufre 0,121, et représentée comme moyenne par 95 *degrés sulfhydrométriques* à 15 degrés centigrades. Des échantillons de la même Eau, puisés avec soin et bien bouchés, n'ont rien perdu au bout de plusieurs mois de transport au loin ; car l'Eau avait toutes ses propriétés primitives et la même proportion de sulfure. Enfin les substances gazeuses trouvées dans l'eau à l'état *libre*, y sont à peine appréciables ; nous n'y avons vu qu'une fort minime proportion d'azote.

Tous les produits de l'évaporation étaient accompagnés d'une matière organique azotée, en partie soluble dans l'eau et dans l'alcool, et provenant, sans aucun doute, de celle qui préexiste dans l'eau et que j'appellerai *glairine rudimentaire ;* la glairine me paraissant n'être déjà qu'une modification de celle-ci, puisqu'elle n'apparaît réellement dans les Eaux sulfureuses que lorsqu'elles ont le contact de l'air extérieur.

En résumé, ont peut considérer l'Eau de Challes comme composée avant son évaporation, pour 1000 grammes ou 1 litre, savoir :

Principes volatils.		
Azote.	traces légères.	
Principes fixes.	Grammes.	
Chlorure de magnésium. . . .	1,0100	
Chlorure de sodium.	0,0814	
Bromure de sodium évalué. . .	0,0100	
Iodure de potassium.	0,0099	
Sulfure de sodium.	0,2950	Sel cristallisé. 0,901
Carbonate de soude anhydre. .	0,1377	*Id.* 0,342
Sulfate de soude anhydre. . Sulfate de chaux peu. . . .	0,0730	*Id.* 0,1620
Silicate de soude.	0,0410	
Carbonate de chaux. . . . . . Carbonate de magnésie. . . . Carbonate de strontiane. . . .	0,0430 0,0300 0,0100	Tous les trois primitivement à l'état de bicarbonates.
Phosphate d'alum. et de chaux. Silicate d'alumine et de chaux.	0,0580	
Sulfures de fer et de manganèse.	0,0015	
Glairine rudimentaire. . . .	0,0221	
(Martière organique azotée.)		
Soude libre		sensible.
Perte.	0,0325	
Total.	0,855 (*).	

(*) M. Henry n'a pas fait l'analyse de la source la plus riche ; elle n'était pas, à l'époque de son séjour à Challes, en juin 1842, en

Nota. On n'a trouvé dans les produits de l'évaporation de l'Eau de Challes aucun indice de sel ammoniacal, ni aucune trace de nitrate et de fluate.

En se basant sur les principes les plus importants qui minéralisent l'Eau de Challes, on doit la regarder comme une *Eau sulfureuse alcaline iodurée* ou *sulfureuse iodurée natreuse*.

La proportion de l'*iodure de potassium* qu'elle contient par litre s'élève *à peu près à* 1/5 *de grain*, 0,01, et celle du *sulfure de sodium* au moins *à* 5 *grains* 1/2, 0,295, quantité bien supérieure à celle des autres Eaux sulfureuses jusqu'à présent connues. Cette proportion de principe sulfureux, placée à côté de l'iodure, du carbonate et du silicate alcalins, justifie pleinement l'action non douteuse que cette Eau minérale exerce sur l'économie animale.

L'Eau de Challes peut être bue, sans difficulté, à

état de pouvoir l'être, à cause de travaux qui n'avaient pu être achevés. C'est cette source forte qui, aujourd'hui, est exploitée pour les envois en bouteilles. Le sulfhydromètre lui assigne les 200 degrés de sulfuration signalés dans mon Aperçu, tandis que la source analysée qui a donné les résultats des chiffres ci-dessus, ne pesait au même instrument que 95 degrés. Pour avoir donc assez approximativement une idée exacte de la quantité des ingrédients par litre, on pourra multiplier par le chiffre 2 les quantités ci-dessus. Les deux sources proviennent de la même branche : si l'une est plus faible de moitié, c'est qu'elle reçoit dans son bassin quelques filets de la fontaine voisine d'eau potable. On n'a pas cherché à la garantir de cette infiltration, l'eau de cette source étant particulièrement destinée pour les bains.

la dose de plusieurs verres par jour, soit pure, soit coupée avec d'autres liquides appropriés.

Elle supporte une température de 70 à 75 degrés centigrades sans subir de changement; en conséquence, elle pourrait, comme les Eaux sulfureuses froides d'Enghien, d'Uriage, de Chamounix, être chauffée dans des appareils convenables pour l'usage extérieur des bains et des douches.

Nous avons dit précédemment que, mise en bouteilles au sortir de la roche, puis gardée dans des vases parfaitement bouchés, elle se conserve longtemps tout à fait *intacte*, et peut être exportée au loin avec la plus grande sécurité.

D'après toutes ces considérations, on ne saurait méconnaître que l'Eau de Challes est fort remarquable, non-seulement par sa grande richesse sulfureuse, mais par la neutralité du sulfure alcalin, par la présence de l'iodure de potassium et celle du carbonate alcalin, qui s'y trouvent associés; que sa facile conservation offre un avantage réel pour l'expédier au loin. Si nous ajoutons enfin à ces motifs les bons effets qu'elle a déjà paru produire sur l'économie dans la pratique médicale, nous appellerons sur cette Eau minérale l'attention de l'Académie, et nous ne verrons aucun obstacle à ce que l'autorisation de la vendre à Paris et dans les départements de la France, soit accordée à son propriétaire. *(Adopté.)*

Approuvé et certifié conforme,

Le Secrétaire perpétuel de l'Académie royale de Médecine,

PARISET.

Je conserve l'agréable souvenir de l'accueil toujours empressé et plein d'une aimable bienveillance que j'ai reçu, pendant mon séjour à Paris, de mon savant confrère, M. le Docteur Pariset, dont le zèle pour les progrès de la science médicale égale la profonde érudition. Déjà j'avais reçu de ce Démosthène du corps médical un témoignage honorable d'estime.

Voici la lettre par laquelle il m'annonce ma nomination de correspondant de l'Académie royale de Médecine.

Académie royale de Médecine.

Paris, le 10 mars 1835.

Nous avons l'honneur de vous informer que dans sa séance du 24 février dernier, l'Académie royale de Médecine de France vous a choisi pour être un de ses correspondants. Ce choix est un hommage qu'elle rend à vos lumières, à vos talents, à votre zèle pour le progrès des sciences médicales. Elle ose se flatter qu'elle recevra de vous les communications les plus fréquentes, comme elle a la certitude que ces communications contribueront à l'éclairer sur les diverses branches de ces sciences si nobles et si nécessaires. C'est par le concours de vos efforts et des siens qu'elle pourra remplir la glorieuse mission qui lui est confiée, de servir les hommes et de laisser à la postérité quelques vérités utiles.

Nous sommes avec la plus haute considération,

Monsieur,

Votre très humble et obéissant serviteur,

Le Président,
J. Lisfranc.

Le Secrétaire perpétuel,
E. Pariset.

A M. le Dr Domenget,
à Chambéry.

MINISTÈRE DE L'AGRICULTURE ET DU COMMERCE.

—

EAUX MINÉRALES. — AUTORISATION.

Paris, le 27 octobre 1842.

A M. le Docteur Ch. Domenget.

Monsieur, d'après la demande que vous m'avez adressée, en date du 21 avril dernier, j'avais soumis à l'examen de l'Académie royale de Médecine les échantillons que vous m'aviez fait parvenir de l'Eau minérale qui a été découverte par vous dans votre terre de Challes, près de Chambéry, en Savoie.

L'Académie vient de me faire connaître les résultats de cet examen : ils sont consignés dans un rapport de sa séance du 27 septembre dernier.

Les conclusions adoptées par l'Académie étant que l'Eau de Challes est fort remarquable, non-seulement par sa grande richesse sulfureuse, mais par la neutralité du sulfure alcalin, par la présence de l'iodure de potassium et celle du carbonate alcalin qui s'y trouvent associés; que sa facile conservation offre un avantage réel pour l'expédier au loin; que les bons effets qu'elle a déjà produits sur l'économie dans la pratique médicale, la rendent digne de l'attention des Médecins.... je ne vois aucun inconvénient, Monsieur, à ce que vous fassiez vendre cette Eau minérale à Paris et dans les départements, soit chez les Pharmaciens, soit dans les dépôts d'Eaux minérales légalement autorisés.

Je vous prierai seulement de vouloir bien me faire parvenir trois estampilles du cachet que doivent porter vos bouteilles, et de me faire connaître les dépôts dont vous avez fait choix pour le débit de vos Eaux.

J'ai, Monsieur, l'honneur de vous saluer.

Le Ministre de l'agriculture et du commerce,

CUNIN-GRIDAINE.

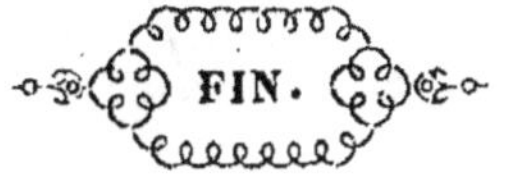

FIN.

Je ne saurais trouver des expressions assez vives pour témoigner ma reconnaissance à Son Excellence le Marquis de BRIGNOLE-SALES, Ambassadeur de Sa Majesté, qui a daigné m'honorer de marques empressées de bienveillance pendant mon séjour à Paris. C'est à son extrême obligeance que je suis redevable particulièrement du prompt succès de ma demande formée au Ministre du Commerce et de l'Agriculture, pour obtenir qu'il voulût bien inviter l'Académie royale de Médecine à s'occuper de l'examen et de l'analyse des Eaux de Challes.

Avec permission.

www.ingramcontent.com/pod-product-compliance
Lightning Source LLC
Chambersburg PA
CBHW050601210326
41521CB00008B/1064

* 9 7 8 2 0 1 1 3 1 7 0 1 8 *